水岩作用下岩石宏细观损伤与流变特性

秦　哲　付厚利　王　旌　著

科学出版社
北　京

内 容 简 介

本书重点研究水岩作用下岩石宏细观损伤与流变特性，总结了水岩作用损伤机制及研究意义，分析水岩作用下岩石宏观力学性质弱化规律，研究水岩作用下岩石细观损伤机制，构建水岩作用下岩石流变损伤模型，建立水岩作用影响下边坡力学模型，讨论水岩作用下露天矿坑尾矿库边坡长期稳定性。基于边坡典型岩石的宏细观试验，揭示岩石宏观力学参数劣化规律与细观结构损伤机理，构建基于分数阶微分理论改进后的 Burgers 流变本构模型，同时借助数值模拟探究水位循环变化状态下边坡稳定性和有无水状态下边坡长期稳定性的影响。

本书可作为高等院校矿山、水利及岩土工程相关专业的教材，也可供相关专业的工程技术人员学习参考。

图书在版编目(CIP)数据

水岩作用下岩石宏细观损伤与流变特性/秦哲，付厚利，王旌著. —北京：科学出版社，2023.9

ISBN 978-7-03-073671-0

Ⅰ. ①水… Ⅱ. ①秦… ②付… ③王… Ⅲ. ①水岩作用-岩体流变学 Ⅳ. ①TU452

中国版本图书馆 CIP 数据核字（2022）第 203697 号

责任编辑：张振华 李程程 / 责任校对：王万红
责任印制：吕春珉 / 封面设计：东方人华平面设计部

科学出版社 出版
北京东黄城根北街 16 号
邮政编码：100717
http://www.sciencep.com
天津翔远印刷有限公司印刷
科学出版社发行 各地新华书店经销
*
2023 年 9 月第 一 版 开本：B5（720×1000）
2023 年 9 月第一次印刷 印张：9 3/4
字数：197 000

定价：128.00 元

（如有印装质量问题，我社负责调换〈翔远〉）
销售部电话 010-62136230 编辑部电话 010-62135319-2030

前　言

水岩作用下岩石力学问题已经成为岩石力学发展的重要研究方向，水位升降变化使岩石长期处于与水的循环相互作用状态，导致岩石宏观强度的弱化和细观结构的损伤，继而对边坡稳定性造成严重危害，由此带来大量的工程安全问题。岩石是一种复杂结构性介质，水力侵入导致岩石破坏，引起边坡由局部破坏向整体失稳转化；同时，岩石变形具有显著的时间效应，在边坡长期稳定性分析中发现，水岩作用下岩石流变特性不可忽略。因此，为从理论与实践、定性与定量等方面认识水岩作用下岩石的宏细观损伤与流变特性，分析水岩作用下岩质的边坡长期稳定性，作者撰写了此书。本书共 6 章，内容包括水岩作用下岩体变形与流变特性的研究与进展、水岩损伤机制及研究意义、水岩作用下岩石宏观力学性质、水岩作用下岩石细观损伤特性、水岩作用下流变特性及模型构建、水岩作用下露天矿坑尾矿库边坡长期稳定性分析。

水岩作用下岩石力学问题受到学者们的广泛关注。本书在撰写过程中参考了大量的著作、论文及相关研究成果，这些文献对本书成稿具有关键性作用。此外，本书所展示的研究成果部分由作者带领的研究团队完成，其中，陈绪新、孙鲁男等研究生做出了重要贡献，王腾飞进行了资料整理工作。在此对以上参考文献的作者以及本书编写团队成员的付出表示衷心的感谢！

水岩作用下岩石力学问题是复杂的跨学科问题，具有一定的理论难度。由于作者水平及经验有限，书中难免有不妥之处，敬请各位专家及同仁不吝赐教。

目　录

1 绪　论

1.1 研究背景

在我国矿产资源开发过程中，露天采矿因效率高、成本低在一些具备条件的矿区成为首选开采方法，如内蒙古的霍林河露天煤矿、伊敏露天煤矿、元宝山露天煤矿和准格尔露天煤矿，山东烟台三山岛金矿，以及西藏、青海地区众多的金属开采露天矿[1-3]。长期以来这些露天矿井严重破坏了当地生态环境，在当前全社会践行“绿色发展”“绿水青山就是金山银山”理念的背景下，许多露天矿井关闭或转为地下开采，这些废弃的露天矿坑多转为尾矿库、生态水库等再利用；而深大矿坑再利用，其边坡稳定性受降水、循环侵水等因素的影响，成为矿坑安全面临的新问题，各地政府、科研单位等都投入了大量的人力、物力进行系统研究[4-6]。

现有研究资料表明，水是影响岩体工程安全的最活跃因素之一，世界上近90%的边坡失稳破坏与水有关[7-8]。例如，山东烟台三山岛金矿仓上露天矿坑由于多次侵水-失水作用导致北侧边坡出现滑坡失稳，如图 1.1 所示。大冶露天铁矿由于多次强降雨侵水和雨后失水损伤，导致北侧出现大面积滑坡，其他诸如白银露天矿、尖山磷矿、大顶铁矿等边坡滑移破坏均与水的作用有关[9-10]。为响应国家能源开发生态战略，大量露天开采工程中的废弃矿坑作为尾矿库再利用，出现废水进库水位上升和净化后抽水再利用导致水位下降两种过程多次循环交替作用这一新问题。循环侵水作用，一方面多次激发岩石软化、润滑等物理变化和溶解、水解等化学变化；另一方面改变了岩石的细观结构，削弱了岩石的颗粒联系，最终导致岩石宏观力学行为的变化，对边坡工程稳定性产生重要影响；同时，露天矿开采边坡失稳也是国内外工程技术人员面临的主要难题之一[11-18]。2008 年，中国发生大型滑坡事件数量占全球发生滑坡事件的 18%，自 2012 年开始世界年度发生滑坡的数量明显增加，除去因飓风、暴雨、地震引起的滑坡事件外，露天矿山滑坡占有较大比重。2013 年 4 月 10 日，美国犹他州宾汉姆峡谷铜矿发生北美州有历史记录以来最大的滑坡，总滑落土石方量达到 1.65×10^9 t，滑落近 1km，导致矿区停产 5 个月，年产量减少 55%。澳大利亚塔斯马尼亚海岸萨维奇河矿发生岩石滑坡，使得该矿的所有者 Grange 资源公司直接损失达到 5000 万美元。法国某露天矿因爆破震动荷载导致北侧边坡出现大面积滑移，致使坡顶出现最大可见深度为 4.8m、最大宽度为 650mm 的裂缝，为治理该滑移，先后投入近 1 亿欧元进行加固处理。加拿大、俄罗斯等矿产丰富国家也深受露天矿开采边坡失稳问题的影响，每年需投入大量物力、人力进行治理。鉴于上述情况，迫切需要从理论上研究循环侵水引起岩石损伤演化规律及其本构关系，为分析侵水作用下岩质边坡长期稳定性控制提供理论基础。

（a）无水状态　（b）循环侵水3年　（c）循环侵水10年　（d）边坡破坏

图 1.1　三山岛金矿仓上露天坑尾矿库边坡破坏

露天矿边坡稳定性及其治理问题已成为影响露天矿安全生产的最重要问题，而露天矿边坡滑移问题不断，所带来的后续恢复与治理问题早就引起了工程技术人员的关注，也是目前急需解决的工程难题。露天矿坑岩质边坡体属于地表浅层岩体工程范畴，存在各类受水、风化、冻融等影响的破碎带、蚀变带等软弱带岩石。不同于一般岩质边坡稳定性主要受结构面的影响，这类蚀变带多为厚度较大的软弱岩石，质软遇水易变。在长期循环侵水作用下，蚀变带软弱岩石所带来的长期安全影响更易被忽视，日积月累，带来的工程问题更严重。我国露天矿开采环境问题复杂、多样、特殊、敏感，对矿区地质环境和生态环境的影响和破坏作用非常大。露天开采之后形成的边坡，受到矿区范围内边坡岩体性质、地质构造条件和水文条件的影响，导致地表发生沉降滑移变形、塌陷，进一步对周围建筑物和居民安全造成影响。对蚀变带软弱岩石在循环侵水作用下的流变力学行为及其细观损伤机理进行深入研究，揭示这类边坡在循环侵水作用下的失稳机理，已成为岩土工程界广泛关注的前沿课题。国内外学者在水对岩石的影响方面进行了大量卓有成效和富有开拓性的研究，积累了丰富的研究经验，取得了大量可观的研究成果，对本书研究具有重要的指导价值[19-20]。但是这些成果多集中于研究地下洞室、大坝坝基、道路交通等工程中所遇到的一次性侵水影响，而对于多次循环侵水作用下的软弱岩石宏细观结构演化及其导致的力学性能劣化规律，以及由其引起的岩质边坡长期安全预测问题研究成果相对较少。因此，综合分析和评价露天矿边坡稳定性具有非常重要的工程实践意义和经济价值。另外，根据相关部门的研究发现，我国平均每年由于地质灾害带来的财产损失达数十亿元。然而，对于滑坡等自然灾害的预警预报研究在世界范围内进展较慢。如何科学地提前预警滑坡等自然灾害，精确地预测何时发生滑坡、滑坡量等信息仍是棘手的问题。

针对上述问题，本书拟以室内试验测试为基础，采用理论分析与数值模拟相结合的方法开展系统研究，围绕循环侵水作用下岩石的宏细观损伤机理、循环侵水作用下岩石流变劣化规律和水位变化对边坡稳定性的影响三个核心问题展开研究，以期掌握循环侵水作用下岩石细观损伤演化方程、岩石的流变劣化机理，并在此基础上建立考虑细观损伤的流变本构关系。预期研究成果有助于揭示循环侵水作用下的岩石损伤破坏机理及其诱发的工程灾害机制，同时可为后续研究岩质边坡加固技术提供理论基础，研究结论对于交通工程中的铁路、公路高边坡以及水利工程中的侵水岩质边坡稳定性分析也具有指导价值。与此同时，研究成果用于露天矿坑尾矿库边坡滑坡预警的动态监测系统及方法拿到了国家发明专利；三山岛金矿仓上露天坑尾矿库边坡安全监测与滑坡预警技术研究成果于 2019 年 3 月获得了中国黄金协会科学技术奖。

1.2 水岩作用下岩体变形特征研究与进展

1.2.1 水对岩石宏观损伤影响

工程岩体处于不同环境场影响之中，谢和平[21]提出深部岩体力学的关键科学问题之一就是研究多场耦合作用下岩体力学演化机理。水与地应力的共同作用导致岩体处于复杂的渗流场与应力场耦合环境中，水与岩石之间的物理化学作用可表现为从微细观层面上改变岩石的矿物组成与结构，使其产生空隙、溶洞及溶蚀裂隙等，增加其孔隙度，影响其强度、变形及渗透性能等宏观性质。对遇水后强度降低的岩石，水是造成其损伤的一个最重要原因，有时它比外在力学因素造成的损伤更为严重[22-23]。国内外学者通过室内试验测试对水导致的宏观损伤与细观损伤等方面进行了相关研究。

在水引起岩石宏观强度劣化方面，许多学者从水对岩石的静态强度弱化及对动态强度的影响等方面开展丰富研究。汤连生和王思敬[24]提出了水化学损伤的概念，从破坏损伤力学角度分析水岩作用损伤机理。朱合华等[25]通过研究饱水对岩石声学性质的影响，得到饱水导致纵波波速降低，滤波作用增强的结论。刘新荣等[26-27]研究干湿循环作用下泥质砂岩抗压强度、弹性模量、黏聚力及内摩擦角的劣化规律。Qin 等[28-29]和 Chen 等[30]探究水位升降对边坡长期稳定性的影响，对不同侵水-失水循环次数的岩石进行三轴蠕变试验，并且利用电镜对岩样进行扫描，从宏细观揭示水岩作用对矿坑岩质边坡岩石的损伤机理。陈卫忠等[31]研究深埋引水隧洞稳定性，基于裂隙岩体的渗流应力耦合机理分析引水隧洞破坏机理。邓华锋等[32]研究干湿循环作用下的岩石抗剪强度的劣化规律。韩铁林等[33-34]采用类岩石材料中预制裂隙的模拟节理岩体，研究干湿循环与化学溶液作用下岩石断裂韧度。王斌等[35]利用 SHPB 试验开展自然风干和饱水状态下的冲击压缩试验，得出饱水岩石动态强度与静态强度相近，动态屈服应力提高近 2 倍。王伟等[36]研究锦屏水电站边坡三轴压缩试验结果，得出黏聚力受干湿循环作用的影响效应比内摩擦角更敏感。姚华彦等[37]研究地下水位变化使岩石处于干湿交替状态，导致砂岩的弹性模量、单轴和三轴抗压强度、黏聚力、内摩擦角等都有不同程度的降低。张永安等[38]根据滇中安楚公路红层地区的工程实例对红层岩层的水岩作用研究，研究分析红层工程地质特征及水化、失水崩解、溶解溶蚀、遇水软化等水岩作用特征，就实际岩体及结构面遇水后抗剪强度下降，遇水、失水膨胀收缩的工程特性，对滇中红层水岩作用特性和边坡稳定性进行分析。孟召平等[39]发现水对岩石力学性质产生重要影响，在干燥或较少含水量情况下，岩石在峰值强度后表现为脆性和剪切破坏，应力-应变曲线具有明显的应变软化特性；随着含水量的增加，岩石单轴抗压强度和弹性模量值均急剧降低，主要表现为塑性破坏，而且应变软化特性明显。陈钢林和周仁德[40]在 MTS 电液伺服材料试验系统上，对不同饱水度的砂岩、花岗岩、灰岩和大理岩进行了单轴压缩试验，取得了这几种岩石的单轴抗压强度和弹性模量随饱水度变化的定量结果。结果表明，水对受力岩石的力学效应与岩石中的含水状态是密切相关的，自然状态的砂岩、花岗闪长岩侵水后，其峰值强度和弹性模量随饱水度的增加而迅速衰减；根据水影响下岩石力学强度试验结果可以得到，由于岩石种类的不同以及力学参数对水影响的敏感性不同，水对岩石强度参数产生不同程度的弱化作用。针对干湿循环作用下岩石力学性质劣化规律，考虑干湿循环条件及其水溶液中水化学条件对岩石的影响，对岩石室内单轴压缩试验、三轴压缩试验力学参数劣化规律及机理进行研究分析，发现岩石力学性质劣化的程度随着循环侵水次数的增加逐渐增加，尤其在 10 次循环侵水之前，岩石力学参数的劣化程度尤为明显；与此同时酸性或碱性溶液对岩石的损伤也较为明显，酸性对岩石的腐蚀程度大于碱性[41-50]。为此进一步研究了水化学作用及干湿循环对蚀变岩力学性质的影响，同一酸性条件下，随着干湿循环次数的增加，蚀变岩的损伤程度逐渐变大，酸性增强加剧蚀变岩的损伤程度，如图 1.2 所示。在不同 pH 环境下，随着干湿循环次数的增加，岩石强度均逐渐降低，并且随着酸性条件的增强，岩石强度降低幅度逐渐增大；酸性最强条件下，随着干湿循环次数的增加，岩石强度降低幅度也逐渐增大。水化学作用及干湿循环是影响蚀变岩力学特性的重要因素。

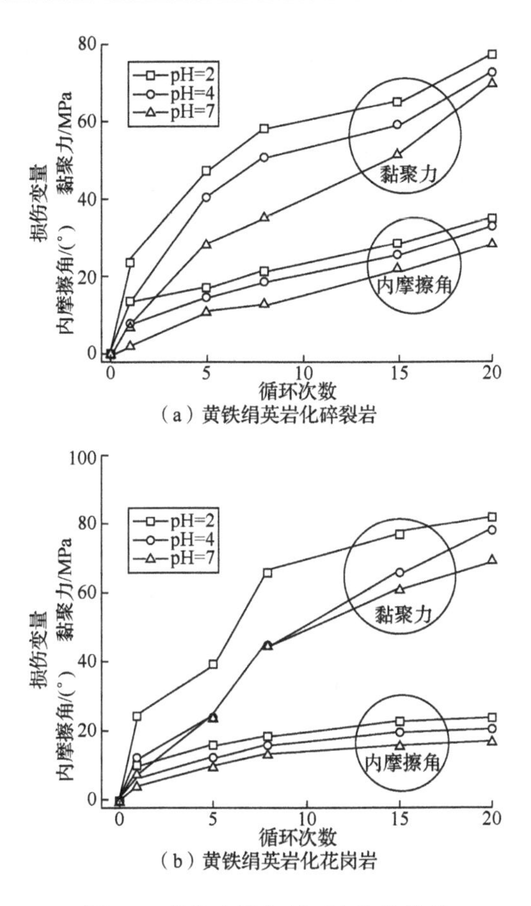

（a）黄铁绢英岩化碎裂岩

（b）黄铁绢英岩化花岗岩

图 1.2 损伤变量与循环次数的关系

1.2.2 水对岩石细观损伤影响

通过扫描电子显微术（scanning electron microscopy，SEM）、核磁共振（nuclear magnetic resonance，NMR）技术、计算机断层扫描术（computer tomography，CT）等手段观察岩石细观结构的变化，实现对水影响作用下岩石结构损伤的定性分析。为将裂隙发展、孔隙扩展等细观结构损伤定量表征，在细观损伤理论方面，葛修润等[51]研发实时加载 CT 试验机，研究岩体细观损伤演化规律；杨更社等[52]系统归纳微、细、宏观尺度下岩石冻融损伤识别及评价方法，明确不同尺度条件下岩石细观损伤力学机制；张楚汉等[53]研究细观层次的混凝土试验、数值模型，探讨了混凝土细观力学理论发展；傅晏等[54]基于干湿循环作用下砂岩全断面 CT 扫描试验，定义细观损伤变量为 CT 数变化，研究了砂岩细观损伤演化规律；Wen 等[55]研究发现干湿循环作用下裂隙演化细观机制，并定量分析干湿循环对岩石的损伤；王宇等研究复杂应力路径下饱水砂岩细观力学特性，构建破裂面微裂隙及微孔隙面积损伤变量。岩石作为一种非均质且不连续的多相复合结构，其内部结构存在尺寸不一、形状各异的孔隙和裂隙等原生缺陷，循环侵水作用下岩石孔隙结构不断损伤劣化，随着高分辨成像技术的成熟，Ma 和 Chen[56]针对页岩水化问题，通过 CT 扫描设备绘制岩样随浸泡时间灰度直方图变化情况，利用色彩增强技术识别图像中灰度分布规律，发现页岩水化损伤主要发生在侵水初期；由于水的流动及侵入作用，激发岩石内部次生裂隙的萌生与发育，原生裂隙的扩展与贯通，引起岩石内部微孔洞的生长，对岩石细观结构造成不可逆损伤，SEM、NMR 技术等手段的发展，为研究水影响作用下岩石细观结构的变化提供了重要帮助。刘业科[57]利用核磁共振成像技术，研究不同饱水状态下岩石内部结构变化，得到深部岩体的损伤演化特征与流变特性；刘新荣等[58]利用 SEM 技术研究干湿循环作用下岩石细观结构的影响，得到整齐致密状、多孔团絮状和开裂紊流状等微细观结构变化阶段；俞缙等[59]利用核磁共振测试与单轴压缩试验，分析砂岩孔隙度和力学参数的变化规律，得到水化学与冻融循环共同作用下砂岩细观损伤特性；Aldaood 等[60]通过对岩石开展纵波波速测定试验，研究干湿循环作用下石膏土的细观机构的演化机制；Kassab 和 Weller[61]研究干燥和饱水环境条件下砂岩纵横波速变化规律，建立岩石纵横波速演化方程；Khanlari 和 Abdilor[62]研究干湿循环作用下岩石强度弱化的细观结构因素，得到影响岩石强度的主要因素为岩石颗粒孔径及泥质夹层；谢凯楠等[63]研究干湿循环对泥质砂岩微观结构劣化特性，利用低场核磁共振试验得到了岩石细观损伤演化特性；邓华锋等[64]研究库水位升降变化对边坡岩石影响，利用 SEM 试验，得到了水岩作用对砂岩卸荷力学特性和微观结构的影响。

由于二维模型无法较好地描述岩石内部孔隙结构的连通性，所以更具可视性的三维成像手段受到研究人员的广泛使用。Blunt 等[65]对高分辨率下的岩样 CT 图像进行三维重构，从图像中选取具有拓扑代表性的网络，通过网络计算相应位移与运输方程，借助数值技术模拟岩石微观结构的单相与多相流动特征；Pak 等[66]提出一种基于微颗粒的研究方法，在三维微 CT 图像体素尺度上对碳酸盐岩的溶解过程进行模拟，结果表明非均质流场是造成溶解速率差异的主要原因；Xue 等[67]基于 CT 扫描和数字图像研究磨料射流和纯水射流穿过煤岩岩心的细观损伤，提出一种定量研究方法并建立冲击煤岩的滤波三维重构模型，结果表明纯水射流在冲击过程中具有较强的微观损伤能力；多尺度孔隙结构的细观研究不断发展，Li 等[68]运用纤维电镜扫描（FIB-SEM）与 X 射线μ-CT 相结合的手段研究不同微观结构条件下孔隙大小分布规律，建立三维孔隙网络模型，用于预测岩石内部渗透性、流体流动性等特征；Maheshwari 等[69]利用孔隙连通性、孔隙扩展性双尺度的结构性质关系探究碳酸盐岩在酸性溶液溶蚀作用下岩石渗透率以及孔隙结构的变化规律，并对碳酸盐岩虫孔的形成过程进行模拟，最终确定虫孔顶端直径及其分形维数特征。在岩石损伤宏细观相互转化方面，由细观损伤模型到宏观力学响应转化，常用的近似方法有稀疏方法、自洽方法、微分方法和均匀化方法等，朱珍德等[70]通过对 SEM 结果辨识，建立内变量热力学理论和摩擦弯折裂纹模型及细观损伤力学模型；于庆磊等[71]研究基于材料 CT 扫描结构，提出位图矢量化理论的结构模型的重建方法，并实现对材料宏观强度模拟。上述研究成果从岩石细观结构检测和细观损伤变量构建等方面进行了相关研究，借助 SEM 对不同循环次数下岩石的孔隙度及分形维数进行测定，定量表征岩石在循环侵水过程中的损伤程度。同时，提出一种利用等效应变原理和对称正态分布的统计损伤本构模型，损伤变量由各种干湿循环下的弹性模量定义。对干湿循环试样进行了单轴压缩试验，利用 MATLAB 软件对损伤本构模型的参数进行了识别，验证了该模型与单轴压缩试验结果吻合较好。所提出的统计损伤本构模型对单轴压缩应力-应变曲线具有良好的适应性[72-73]，对于本书中侵水作用下岩石宏细观损伤研究具有重要指导价值。

1.3 岩体流变特性研究与进展

岩石的流变特性与工程稳定性密切相关，对于岩石流变损伤断裂问题，孙钧[74]提出必须要准确认识岩石和岩体的物理与地质环境的影响。对于水影响下的岩石流变损伤特性，由于水多以液态形式赋存于工程岩体中，其流动性及形状易变性导致水在岩石孔隙中扩散，造成岩石颗粒之间的胶结作用弱化；由于岩石力学性质具有显著的时间效应，水加剧了岩石的流变特性，导致岩石流变速率显著增大，岩石长期强度逐渐降低。在水对岩石流变性影响试验方面，李江腾等[75]以分级增量加载方式，研究了饱水与干燥状态下横观各向同性板岩蠕变特性；马芹永等[76]对不同干湿循环次数粉砂岩试件开展单轴压缩蠕变试验，研究了岩石长期强度劣化与破坏形态演化特征；于永江等[77]开展不同含水率软岩的直剪蠕变试验，得到了瞬时弹性模量、极限变形模量和黏滞系数的弱化规律；巨能攀等[78]研究不同含水率红层泥岩蠕变特性，得到岩石蠕应变量与瞬时应变量增大而长期强度降低；David 等[79]研究水岩耦合作用对岩石蠕变特性影响，得到水岩作用加速岩石蠕变速率，引起岩石长期强度劣化；Liu 等[80]通过石灰岩单轴压缩蠕变试验，研究不同水压及围压作用下岩石蠕变特性；于怀昌等[81]对干燥与饱水状态下粉砂质泥岩进行室内三轴压缩应力松弛试验，得到水引起岩石平均应力松弛速率减小。水加剧岩石的流变效应，集中表现在岩石的流变速率增大，岩石颗粒之间胶结能力减弱，导致岩石长期强度降低，引起岩石的流变损伤。

岩体的流变现象是指岩体的内力状态随时间变化的一种特征，对于使用周期较长的工程，岩石的流变对工程的危害更为突出[82-89]。有关岩石的室内流变试验最早始于 1939 年 Griggs[90]对砂岩和泥岩的室内单轴压缩流变试验，Griggs 通过试验确定岩石有明显蠕变特征的荷载水平。自 20 世纪 50 年代以来，许多研究者对岩石的蠕变特性进行了大量的研究工作[91]，Itô 等[92]对花岗岩进行了为期 10 年的室内蠕变试验，研究了花岗岩这类硬岩蠕变发展与荷载水平之间的关系；Gasc-Barbier 等[93]采用自开发附加温度模式的三轴蠕变仪，研究了黏土质岩的蠕变特性与荷载方式及温度之间的变化关系，根据试验结果得到黏土质岩其应变率和应变量随偏应力和温度的增大而增大的结论。有关岩石的流变试验仪器也得到了快速发展，如 Mukai 等[94]改进了蠕变测试仪，日本发明了四气缸空气式自动加载装置，能实现三轴加载，国内邱贤德设计了杠杆式流变仪等，这些研究都极大推动了岩石流变力学的发展与应用。对于岩石流变特性的试验分析关键在于岩石流变本构关系的开发与应用。

目前岩石流变本构模型主要有两大类，即经验拟合本构模型和元件组合流变本构模型，经验拟合本构模型主要有三种类型，如表 1.1 所示。

表 1.1　经验拟合本构模型

模型	幂函数型	对数型	指数型
本构关系	$\varepsilon(t)=At^n$	$\varepsilon(t)=\varepsilon_e+B\log t+Dt$	$\varepsilon(t)=A[1-\exp(f(t))]$
参数意义	A、n 均为试验参数	B、D 为试验参数	A 为试验参数 $f(t)$ 为时间函数
适用阶段	初始蠕变阶段	加速蠕变阶段	等速蠕变阶段

流变本构模型元件及其组合形式：主要是通过胡克（Hooke）弹性体（简称为 H 体，反映弹性效应）、牛顿黏性体（简称为 N 体，反映黏性效应）和摩擦体（简称为 S 体，反映塑性效应）的有机组合。黏弹性模型如麦克斯韦（Maxwell）模型、开尔文（Kelvin）模型、伯格斯（Burgers）模型、坡印亭-汤姆逊（Poynting-Thomson）模型等，黏弹塑性模型如西原模型等。组合模型的本构方程是一种微分形式的本构关系，通过本构方程的求解就可得到蠕变方程、应力松弛方程等，其特点是概念直观、简单，物理意义明确，又能较全面地反映流变介质的各种流变力学特性，如蠕变、应力松弛、弹性后效和滞后效应等。当考虑 H 元件的非线性应力应变关系或者 N 元件的非牛顿体的特性时，组合模型就可以描述岩石的非线性蠕变特性，因此，组合模型得到了广泛的应用[95]。

近年来随着所遇到的工程问题越来越复杂，原来的本构模型已不能准确反映其流变特征[96]，为更加全面地反映岩体流变特征，一些更加复杂的流变模型被提出。例如，徐卫亚等[97-98]和张治亮等[99]采用岩石剪切渗流试验机，对含弱面的砂岩进行蠕变试验，分析了含弱面砂岩的亚稳定蠕变和加速蠕变与荷载的关系，并开发了具有非线性的四元件流变模型，如图 1.3 所示。

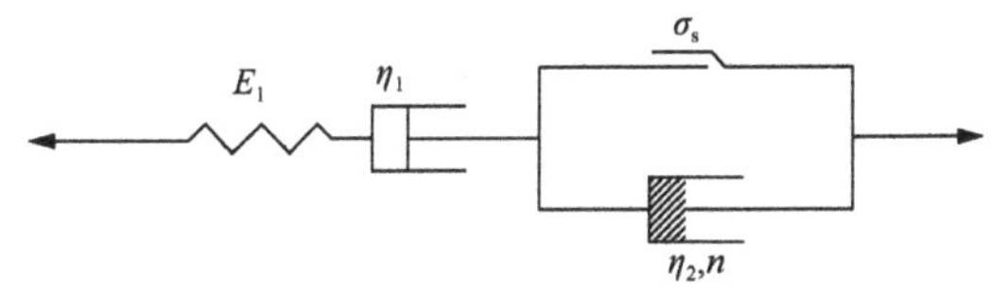

E_1—材料的弹性参数；η_1、η_2—材料的黏性参数；σ_s—屈服应力；n—流变指数。

图 1.3　非线性流变模型

该模型核心元件为一非线性牛顿体，如图 1.3 中间部分，其应力-应变本构关系可以表示为

$$\sigma=\begin{cases}\eta\dot{\varepsilon} & \sigma\leqslant\sigma_s\\ \sigma_s+\dfrac{\eta\dot{\varepsilon}}{nt^{n-1}} & \sigma>\sigma_s\end{cases}\tag{1.1}$$

式中，σ——应力；

η——材料的黏性参数；

$\dot{\varepsilon}$——应变速率；

n——流变指数；

t——流变时间；

σ_s——材料的屈服强度。

夏才初等[100]、Jin 和 Cristescu[101]、Maranini 等[102]、Weng 等[103]、Tsai 等[104]、Abdel-Hadi 等[105]、Zhupanska 等[106]等相继研究了克里斯泰斯库（Cristescu）流变本构模型，并结合试验数据进行了参数辨识。Cristescu 流变本构模型可通过试验数据从平均应力和等效应力的角度出发获得流变屈服面[107-108]，从而更好地描述卸载条件下岩石的流变变形规律。Cristescu 流变本构模型将材料的变形分为可恢复的弹性应变和不可恢复的变形两部分[109-110]，即

$$\dot{\varepsilon}=\dot{\varepsilon}^E+\dot{\varepsilon}^I\tag{1.2}$$

式中，$\dot{\varepsilon}^E$——可恢复的弹性应变速率；

$\dot{\varepsilon}^I$——不可恢复的变形速率。

对于弹性部分，其应力-应变关系可以表示为

$$\dot{\varepsilon}^E=\left(\frac{1}{3K}-\frac{1}{2G}\right)\dot{\sigma}_m\delta+\frac{1}{2G}\dot{\sigma}\tag{1.3}$$

式中，K、G——体积模量、剪切模量；

$\dot{\sigma}_m$——最大主应力；

$\dot{\sigma}$——平均应力；

δ——克罗内克符号。

对于不可恢复的变形，其应力-应变关系为

$$\dot{\varepsilon}^I=k\left\langle 1-\frac{W(t)}{H(\sigma_m,\bar{\sigma})}\right\rangle\frac{\partial F(\sigma_m,\bar{\sigma})}{\partial\sigma}\tag{1.4}$$

式中，k——黏滞系数，且 $k>0$；

$<>$——自定义运算符号，其运算规则为 $<A>=\frac{A+|A|}{2}$；

$\bar{\sigma}$——等效应力；

$H(\sigma_m,\bar{\sigma})$——屈服函数；

$F(\sigma_m,\bar{\sigma})$——塑性势函数；

$W(t)$——不可逆应力功。

赵洪宝等[111]、刘江等[112]根据室内煤岩蠕变试验结果，分析了煤岩蠕变三阶段的基本特征，并构造了基于马克斯维尔体和廖国华体组合的复合流变本构模型，如图 1.4 所示，该模型可以较好地反映岩石蠕变发展与围压的关系。

刘江等[112]根据复杂软弱矿岩的室内蠕变试验，分析了传统 Burgers 模型的适用性，并指出传统 Burgers 模型由于不能反映岩石加速蠕变破坏阶段，不能准确反映岩石的破坏特征，进而提出了能反映加速蠕变破坏的改进 Burgers 模型，如图 1.5 所示。

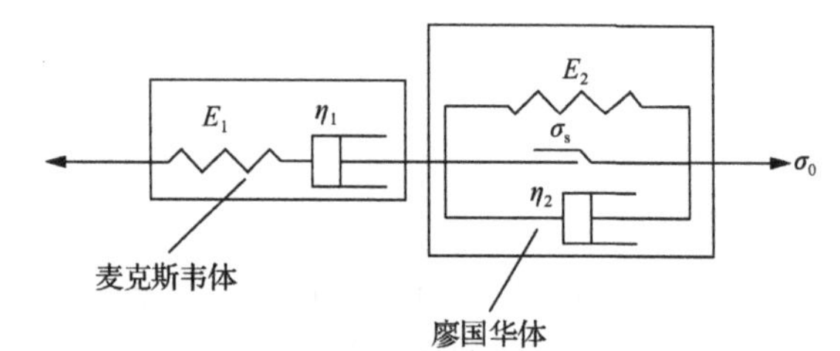

E_1、E_2—弹性元件的弹性系数；η_1、η_2—黏性元件的黏滞系数；σ_s—屈服应力；σ_0—施加的恒荷载。

图 1.4　复合流变本构模型

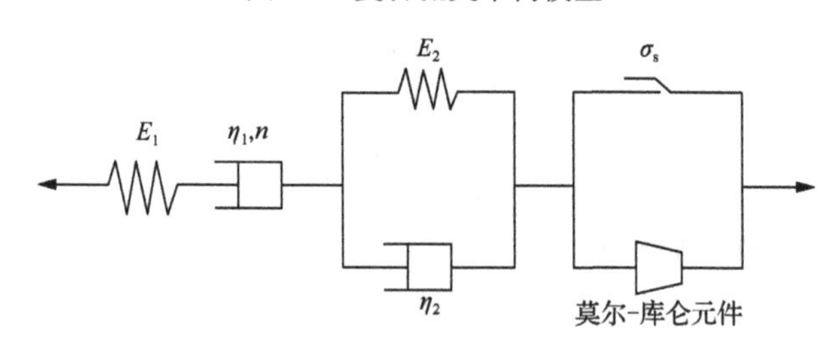

图 1.5　改进 Burgers 模型

该模型加入了一个考虑塑性发展的 M-C（莫尔-库仑）元件，可以较好地反映岩石的塑性变形及破坏阶段。由于 Burgers 模型能较好地反映岩石类材料蠕变发展的第一阶段和第二阶段，它成为模型改造的重要母体模型。例如，沈明荣和朱根桥[113]、张晓春[114]、陈沅江[115]等通过引入塑性摩擦体的形式改进普通 Burgers 模型，使其具有更好的适应性；王来贵等[116]、王更峰[117]、杨峰[118]等考虑岩石蠕变的非线性，引入了由非线性元件和普通 Burgers 模型组合构成的改进 Burgers 流变模型，如通过引入考虑岩石非线性应变软化 SS 元件的改进 Burgers 模型，如图 1.6 所示。

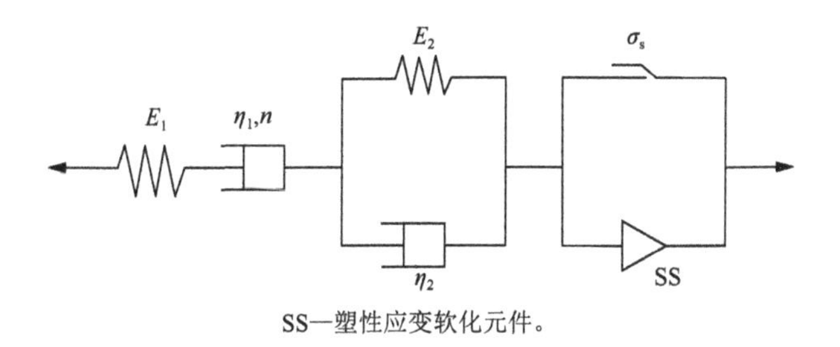

SS—塑性应变软化元件。

图 1.6 考虑岩石非线性应变软化的改进 Burgers 模型

国外学者 Vyalov[119]提出了考虑流动速率与应力之间非线性关系的修正宾汉姆（Bingham）定律，即 Bingham 模型中“黏壶”的黏滞系数不是常数，而是随时间和应力水平变化的；克里斯坦森（Christensen）和 Wu 则采用了变黏滞系数的非线性三单元开尔文-沃伊特（Kelvin-Voigt）模型；巴登（Barden）和基德威尔（Keedwell）在土的次固结研究中建立了变弹性模量和变黏滞系数的非线性 Kelvin 模型[120-121]。

目前大部分岩石流变本构模型假设岩石体应变不发生蠕变，然而根据国内外部分专家的试验结果，一些岩石特别是软岩在荷载作用下的流变行为表现为明显的体积蠕变的特性。例如，李栋伟等[122-124]根据软岩的室内蠕变试验，发现软岩的蠕变变形量占总变形量的 80%以上，体积应变达到 0.0018，而且体积应变与应力有以下关系：

$$\varepsilon^{v}=\lambda\ln\left(\frac{p\ln(1+\chi)}{p_0}\right) \tag{1.5}$$

式中：ε^{v}——体积蠕变；

λ——体积压缩系数；

p_0——发生体积蠕变的初始应力，由试验确定；

p、χ——由式（1.6）确定。

$$\begin{cases} p=\dfrac{1}{3}(\sigma_1+\sigma_2+\sigma_3) \\ \chi=\dfrac{(\sigma_1-\sigma_2)^2+(\sigma_2-\sigma_3)^2+(\sigma_1-\sigma_3)^2}{9p^2} \end{cases} \tag{1.6}$$

近年来随着测试仪器的发展，很多学者开始从细观、微观层次研究岩石的蠕变机制，并从损伤力学的角度直接研究材料在蠕变过程中内部结构的变化，并引入损伤变量建立流变本构关系[125-131]。Fujii 等[132]对稻田花岗岩和神奈川砂岩进行了三轴蠕变试验，得到了轴向应变、环向应变和体积应变三种蠕变曲线，指出环向应变可以作为蠕变试验和常应变速率试验中用以判断岩石损伤的一项重要指标。

余成学[133]根据岩石时效强度理论和 Kachanov 损伤理论，建立了考虑损伤的蠕变本构关系，并给出了蠕变模型各参数与损伤发展的关系，通过模型有限元计算分析验证了模型适用性。Chen[134]采用传统损伤力学理论，通过引入损伤因子研究了盐岩的蠕变损伤问题，并通过室内盐岩蠕变试验建立了蠕变破坏强度准则。谢和平[135]、杨春和等[136]通过盐岩室内蠕变试验分析，基于分形理论，建立了能反映盐岩蠕变全过程的非线性流变损伤模型。吴文[137]通过室内盐岩三轴和单轴蠕变试验，基于黏弹塑性基本模型，建立了盐岩的初始蠕变本构模型和稳态损伤率本构模型，并对该模型进行了二次开发，研究了盐岩地下工程的长期稳定性。Haupt[138]通过室内试验研究了盐岩的蠕变特性、应力松弛特性，并通过数学分析方法建立了盐岩的蠕变和松弛本构关系。Nicolae[139]通过对盐岩的蠕变试验分析，提出了考虑黏弹塑性特征的本构方程，并将该模型应用于采矿工程稳定性分析，根据现场长期监测验证了该模型的可靠性。Aubertin 等[140]以普通流变模型为基础，从应变分析的角度入手引入内变量来反映盐岩蠕变过程中损伤变量的演化规律，并建立了相应的蠕变损伤本构关系，借助有限元分析理论研究盐岩采矿工程的长期稳定性。Hadizadeh 等[141]通过设计不同应力水平、不同应变速率以及不同含水状态的蠕变试验，综合研究水对砂岩的蠕变发展影响规律，根据试验数据认识水对砂岩力学特征的影响，从微观结构上分析水主要影响砂岩颗粒的边界形态、胶结物的成分，并建立了考虑水作用的流变损伤模型。陈祖安和伍向阳[142]根据室内岩石蠕变试验曲线特征，建立了考虑蠕变扩容的流变损伤本构模型，该模型可以更好地反映岩石蠕变过程中的裂纹发展规律，并给出了岩石的损伤演化方程。Okubo 等[143]在自主开发的具有伺服控制功能的刚性试验机上测试了砂岩、安山岩和大理岩等岩样在单轴压缩试验下的蠕变过程，完整地获得了岩石加速蠕变阶段应变-时间关系曲线，并据此提出了描述岩石三个阶段蠕变的本构方程。陈智纯等[144]、凌建明[145]、郯公瑞和周维垣[146]、邓广哲和朱维申[147]、肖洪天等[148]分别基于损伤理论建立岩石的损伤流变关系；杨更社等[149-150]、任建喜[151]、葛修润等[152]根据自研发的 CT 扫描试验机研究了岩石蠕变过程中损伤发展过程，从细观层次研究了岩石蠕变过程的损伤演化规律，并通过 CT 数的角度建立损伤因子演化方程；曹树刚和鲜学福[153]通过煤岩的常规力学试验、蠕变试验、微观力学试验研究了岩石的变形发展规律，并提出了蠕变损伤的偏应力分析方法，建立了基于偏应力的蠕变损伤模型；陈卫忠等[154]、范庆忠等[155]、李连崇等[156]、朱昌星等[157]、庞桂珍和宋飞[158]、任中俊等[159]、张强勇等[160]也分别基于室内试验测试结果，从热力学角度出发，建立了岩石的蠕变损伤本构模型。关于岩石的流变本构关系的研究，特别是考虑损伤、渗流等因素影响的流变模型是现今主流的发展研究方向。

1.4 水位变化对岩质边坡稳定性影响研究

边坡稳定性受水位升降影响巨大。活跃在各种地质灾害中的水，作为影响岩石力学性质的重要因素，对岩体物理状态和受力特性的改变非常显著。在水位升降时，边坡岩体，特别是有裂隙、节理等损伤发育的岩体，力学特性劣化显著，严重影响工程的稳定性。部分学者采用新的分析方法或者数学理论对水位变化下的边坡稳定性进行分析，并与传统分析方法的结果进行对比，发现这些优化分析方法或数学理论在特定工况下对边坡稳定性的分析更加准确有效。贾苍琴等[161]针对非饱和非稳定渗流对土坡稳定的影响，采用强度折减有限元方法分析水位骤降所引起的土坡稳定性问题，并与传统的极限平衡法的结果进行了对比分析，指出强度折减有限元方法在非饱和非稳定渗流条件下土坡稳定性的分析中是比较有效的。彭文祥[162]指出了目前普遍采用的岩质边坡稳定性分析方法的不足之处，并且对岩质边坡的稳定状态进行分类，分析了导致其失稳的动力源及自然和人为因素，对影响岩质边坡稳定性的基本因素进行筛选，最终选取 14 个主要作用因素，应用模糊数学理论，构造隶属函数并采用综合评判的方法对边坡的稳定状态作出评价。魏应乐等[163]将多元非线性统计方法应用到岩体抗剪强度指标的研究中，选取了 12 个定性定量指标，建立了影响岩体抗剪强度参数的多元非线性统计模型，根据该模型找到了描述岩体抗剪强度参数中黏聚力和内摩擦角的非线性方程，具有较高的实用价值。年廷凯等[164]采用强度折减有限元法，研究了水位下降过程中土质岸坡的整体稳定性，结果表明水位下降速率对低渗透性土坡内孔压影响较小，对高渗透性土坡内孔压的影响显著，对边坡安全系数的影响程度可达 15%。贺可强等[165]以三峡库区新滩滑坡和黄蜡石滑坡为例，计算滑坡失稳过程中位移的 Hurst 指数，发现 Hurst 指数随着边坡的失稳过程出现明显的降维突变规律，且时间与坡体失稳时间相吻合，指出可以利用位移 Hurst 指数来对滑坡失稳趋势与规律进行非线性的动力学评价与预测。郑颖人等[166]指出采用莫尔–库仑等面积圆屈服准则可以使有限元计算变得方便，同时对岩质边坡的破坏机制采用有限元强度折减法进行了数值模拟分析，指出采用塑性力学破坏理论能较好地描述其变形破坏特征，直线和圆弧滑动剪切破坏是结构面和岩桥之间最容易发生的贯通破坏形式。

数值模拟在水位升降对边坡的研究中也发挥着重要作用，学者们结合工程实例建模分析了水位升降等情况下的边坡稳定性，得出水位升降对边坡稳定性的影响。陶丽娜等[167]对路基边坡在库水位升降作用下的瞬态渗流场与稳定性进行了数值模拟与研究，结果表明在库水位上升过程中，浸润线位置与库水位的变化只存在极短时间的滞后效应，而在库水位的下降过程中，滑坡体内浸润线的位置则严重滞后于水位的变化。连志鹏等[168]对三峡水库正常蓄水后，由于库水位的周期性波动可能导致斜坡失稳的问题，以巴东县西壤坡为例，采用数值模拟的方法，分析了斜坡体内地下渗流场在库水位升降与降水的联合作用下的变化过程，得出了库岸斜坡在水位变化影响下稳定性变化特征的规律。孙永帅等[169]通过室内模型试验和数值模拟解释了边坡破坏的机理，并指出水位骤降会对边坡稳定性产生很大影响，且水位下降速度越快，边坡沉降越大，最后就会形成明显的位移集中区域；边坡的安全系数随着水位下降时间的增加、水位高程的减小出现增加，最后趋于稳定。沈银斌等[170]针对传统的边坡临界滑动场的不足，提出了考虑水位变化过程的边坡临界滑动场的数值模拟方法，此方法能够对边坡整体、局部安全系数在水位变化过程中的变化历程进行方便快速的计算，通过对比可知，该方法能搜索任意形状的最危险滑面。刘新喜等[171]利用有限元模拟三峡水库水位在 145～175m 波动和降水时某滑坡的暂态渗流场，考虑其吸力的影响，对滑坡进行极限平衡分析，结果表明库水位下降对滑坡稳定性的影响受控于滑坡土的入渗能力和滑坡结构形态。

依靠数值模拟仅能在极其有限的条件下研究水岩作用下岩石劣化规律；而针对特殊工程条件建立的模型分析边坡失稳破坏机制能更真实地反映水岩作用客观条件，精确的模型能够更准确地反映岩石在水岩作用下的损伤，已经逐渐成为水位升降时边坡稳定性分析中新的热点[172-176]。许多学者依据工程模型及破坏机制建立了新的改进分析模型。李远耀[177]将滑坡的变形过程和受力状态特征相结合，建立了反映滑坡变形时演化特征的地质模型分类，总结了降水和库水位联合作用下库岸滑坡的渐进破坏机制，建立了库水位变动及降水条件下库岸滑坡的渐进破坏概率预测模型，提出了滑坡中长期变形趋势预测的侧分析方法、位移预测的时间序列——神经网络模型及临滑预报的改进 Verhulst 模型。周小平等[178]用尖点突变模型中状态的突变来反映滑体的突滑，建立了一个滑坡时间预测模型，并且根据尖点突变理论的方程推导出了滑坡突变时间的计算公式，由能量转化的原理导出了滑体突滑初速度的计算公式，为滑坡的预报提供了理论依据。李晓等[179]以三峡库区白衣庵滑坡为例，建立了降水分析模型、库水位调控模型以及水文地质模型，采用卡明斯基有限差分方法对该滑坡进行了多种工况下的水位计算，并根据最危险原则确定了该滑坡最危险的地下水位及其发生概率。

最终在水位升降时边坡稳定性的影响规律及细微观影响机制的研究中，学者们利用现有理论、试验分析方法对规律机制进行探索总结，得出水位升降对边坡各种性质参数的影响[180-183]。宋波等[184]基于边坡的室内振动台试验和有限元仿真分析，研究了地下水位变化对边坡地震动力响应的影响规律，研究表明水位的升高导致边坡有效应力降低，对边坡的稳定极为不利。随着水深的增加，地下水对边坡坡脚的剪应力和剪应变影响逐渐增大，当达到某一临界水位时，其影响程度却出现减小趋势。刘才华等[185]对库水位上升诱发边坡失稳的机理进行研究，用莫尔-库仑强度准则对土体中应力状态在孔隙水压力下的影响进行描述，即土体侵水后，莫尔应力圆在孔隙水压力作用下变小同时向左移动并相对远离强度曲线。罗红明等[186]以赵树岭滑坡为例，利用有限元数值计算了库水位波动下地下水渗流场，探讨了库水位上升和下降对库岸滑坡稳定性的影响，研究表明，库水位下降时滑坡稳定性系数总体逐渐减小，库水位上升时滑坡稳定性系数总体逐渐增大；同一库水位下，库水位上升时的稳定性系数比下降时的稳定性系数大。李新志[187]通过大型滑坡试验系统，分析了降水诱发堆积层滑坡的破坏机理，结合加卸载响应比理论，研究了滑坡稳定性与地下水位的加卸载特征和位移响应特征间的相关关系，得到了由降水诱发堆积层滑坡破坏演变的加卸载响应比规律与滑坡稳定系数的关系。朱科和任光明[188]对某水库滑坡进行了考察，通过对滑坡的位移动态和一些具有代表性的测点的位移规律的分析，确定出最危险水位，在边坡的稳定性计算中进行参数反演同时考虑到地下水渗透的滞后性，从而预测了该水库在未来库水位与滑坡稳定性的关系。就上述问题通过人工神经网络技术建立人工神经元和传感器来预测水位升降条件下岩质边坡稳定性，径向基函数神经网络（radial basis function neural network，RBFNN）预测结果显示随着水位周期性升降变化，岩质边坡力学参数逐渐下降，导致边坡安全系数持续下降，验证了水位变化对岩质边坡的稳定性影响，研究结果也为 RBFNN 在工程领域的推广应用提供了参考。

2 水岩损伤机制及研究意义

2.1 水岩作用损伤机制

水岩作用泛指地质作用过程中所发生的流体与岩石的相互作用，具体体现在水溶液与岩石在岩石固相线以下的温度、压力范围内进行的各种物理化学反应。研究人员从20世纪50年代开始对水岩作用进行研究，随后水岩作用研究受到学术界的广泛关注并不断发展。自20世纪中叶以来，固体地球科学和环境地球科学两门学科越来越重视水岩作用的研究，水岩作用研究已然成为水文地质学、地球化学、岩石力学、工程地质学、地热学、矿床学、环境化学等学科的重点研究对象和前沿领域。对于水文地质和工程地质而言，很多问题得益于把地下水和固体含水介质作为整体的系统来研究。

水对岩石的损伤演化作用机理一般分为两个方面：一方面是水与岩体内部矿物组成成分发生物理作用和化学作用；另一方面是孔隙水流的渗透压力改变岩体的力学特性和渗透性。对于前者，岩体内部组成成分中普遍赋存着伊利石、蒙脱石和高岭石等亲水性物质，这些亲水性物质易与水发生物理作用和化学作用，引起岩石内部颗粒组成成分发生变化，进而破坏岩石结构，从而严重影响岩石的宏观力学特性。对于后者，地下水沿孔隙和裂隙进入岩层过程中会产生渗流动水压力，在渗流动水压的作用下，岩石内部裂隙结构面和充填物会产生剪切变形，从而导致裂隙扩展发育，最终导致岩石力学特性劣化和渗透性增强；对于地下煤矿开采来说，严重时会引发岩体巷道侧墙内挤张裂、拱顶挤碎、不对称变形和底鼓等不同特征的变形破坏，对矿井巷道的合理支护及顶底板岩层稳定性影响较大，严重制约着矿山安全高效开采。因此，亟须对水岩作用下岩体损伤演化机理进行深入研究。

2.1.1 水岩物理作用机理

（1）地下水的润滑作用

地下水通过润滑作用改变了不连续面上的摩擦力和剪应力，导致摩擦力、剪应力增大，从而诱发岩体沿不连续面发生剪切运动。润滑作用的结果是导致岩体的摩擦角减小。

（2）地下水的软化和泥化作用

地下水对岩体的软化作用显著，主要表现为改变岩石节理、结构面中充填胶结物的物理性质。随着岩石内部含水量的变化，充填物的形态也会随之发生改变（从固态向塑态甚至液态的弱化效应的转变）。泥化反应通常发生于断层带内。地下水的软化和泥化作用的结果是导致岩体的宏观力学性能劣化（强度、黏聚力和摩擦角减小），这种现象称为岩石的软化性。岩石的软化性是由其矿物组成及孔隙性决定的。当岩石内部有亲水性矿物以及较大孔隙存在时，岩石吸水性较强，则其软化性较强。

岩石软化性是指岩石侵水饱和后强度降低的性质。表征岩石软化性的指标是软化系数η。η是岩石侵水饱和单轴抗压强度R_w与干燥状态下的单轴抗压强度R_d的比值，即

$$\eta = \frac{R_w}{R_d} \tag{2.1}$$

由式（2.1）得，软化系数$0 < \eta \leqslant 1$，该值的大小表征岩石的软化程度的大小，软化系数越小表示岩石的软化性越强，水对岩石的影响越大；反之，表示岩石的软化性越弱，水对岩石的影响越小。

岩石强度由于水的作用而降低也可通过岩石在静水压力作用下产生的有效应力进行解释。根据莫尔-库仑强度准则可知：当岩石孔隙或裂隙上有孔隙水压作用时，其有效正应力可表示为$\sigma' = \sigma - ap$，则岩石强度公式可表示为

$$\tau = (\sigma - ap)\tan\phi + C = \sigma\tan\phi + (C - ap\tan\phi) \tag{2.2}$$

也可写成

$$\tau = \sigma\tan\phi + C_w \tag{2.3}$$

式中，σ——节理面上的法向应力；

C——岩石的黏聚力；

ϕ——岩石的内摩擦角；

a——修正参数；

p——孔隙水压力；

C_w——水软化后岩石的黏聚力。

由以上分析可知：岩石的软化特性对其宏观力学特性的影响较大。因此，在实际的施工设计中应将岩石的软化特性纳入考虑范围之内。

（3）地下水的冲刷运移作用

通常情况下，地下水的流速缓慢，冲刷力较弱，只能冲刷较小的颗粒，使岩

石内部孔隙结构逐步扩大，但岩石长时期处于地下水的作用下，也会造成大型空洞，从而引发地表沉陷等地质灾害问题。

2.1.2　水岩化学作用机理

（1）离子交换作用

地下水中存在着多种正负离子，当岩石处于水溶液中时，一些结合力较强的离子就会把岩石内部原有矿物的离子置换出来，形成新的物质。例如，地下水中的H^+可置换出钾长石中的K^+、钠长石中的Na^+和钙长石中的Ca^{2+}，从而导致原物质的溶解。离子交换受岩石内部物质组成成分、溶液的性质、胶结程度等因素的影响。

（2）溶解作用

当岩石处于水溶液中时，岩石内部一些氯酸盐、硫酸盐和碳酸盐可直接溶解，在宏观上表现为矿物的溶解。岩石的溶解与岩石内部物质组成成分和溶液的性质有很大的关系。当岩石长时间处于水溶液中时，溶解度很低的矿物也会被溶解。由于岩石内部存在大量的缺陷或节理，当地下水进入岩石内部时，地下水不可避免地与这些缺陷或节理发生化学反应，从而引起孔隙和裂隙剧烈地扩展。对于节理或裂隙较大的岩石，地下水与岩石接触面积较大，因此其溶解作用也就更明显。

（3）水化和水解作用

地下水与无水矿物相结合引起矿物结构改变的过程即为水化作用，即水渗透到岩土体的矿物晶体架中，使岩石的结构发生微观、细观和宏观的变化，减小了岩石的黏聚力，从而影响了岩石的宏观力学特性。

地下水与岩石接触后两者间发生化学反应的过程即为水解作用。当岩石中的阳离子与地下水发生水解作用时，水中的氢离子（H^+）浓度增加，则使水体的酸度增加。当岩石中的阴离子发生水解作用时，水中的氢氧根离子（OH^-）浓度增加，导致水体碱性增加。水解作用一方面改变着地下水的pH，另一方面也使岩石物质发生改变，进而影响岩石的力学性质。

2.1.3　水对岩石力学特性的影响

在漫长的地质作用下，岩石内部存在着大量缺陷，这些缺陷的存在严重影响岩石的力学特性。当岩石外部荷载或者内部结构发生变化时，岩石内部的微孔隙或裂隙就会发生闭合、张开、扩展和贯通。当岩石内部的孔隙中充满水时，根据饱和孔隙介质的弹性理论可知，水的作用降低了岩石的有效应力，当岩石受荷载作用时，孔隙或裂隙的变形由有效应力引起。有效应力方程为

$$\sigma'_{ij} = \sigma_{ij} - \phi \tag{2.4}$$

式中，σ'_{ij}——有效应力；

σ_{ij}——总应力；

ϕ——孔隙水压力。

由式（2.4）得，孔隙水压力的存在会抵消一部分轴向应力和围压，若使试样达到同种状态，需要施加更大的轴向应力。此外，孔隙水压力的传递直接影响岩石的力学性能，使岩石由脆性破坏向延展性破坏过渡。

2.1.4 孔隙水压力对岩石强度的影响

在岩体未受外力的情况下，存在于孔隙及裂隙中的水产生的水压力是很小的，当处在外加荷载作用下时，孔隙水排水较难或不能排水，将会产生较高的孔隙水压力。岩体中的固体颗粒及结构骨架在孔隙水压力的作用下，所能承受的实际压力便相应减小，致使岩体的强度随之降低。

孔隙水对岩体的力学作用主要是通过孔隙水的静水压力及动水压力对岩体的结构及力学性质施加影响。在静水压力状态下，减小岩体的有效应力而降低岩体的强度，岩体中的裂隙在孔隙静水压力作用下会产生扩展变形，孔隙动水压力会对岩体产生切向的推力进而降低其抗剪强度。

2.2 岩体损伤对边坡的危害

干湿循环是一种自然现象，造成干湿循环的原因多种多样，处于自然条件下的边坡也要受到干湿循环的作用。已有的研究成果表明，干湿循环作用能够对土体的强度特性产生影响。在干湿循环作用下，同一吸力值在干燥和湿润过程中对应着不同的体积含水率，也就有不同的强度，并且非饱和土的强度特性与干湿循环的历史也有一定的关系。在自然环境作用下，降水、空气湿度上升等条件会引起非饱和土边坡土体含水率的升高（湿润过程），而水分蒸发、空气湿度降低等作用会引起土体含水率的降低（干燥过程）。干湿循环作用就是这种湿润和干燥过程的交替作用。土是由气相、液相、固相三相物质构成的材料，其中液相（主要是水）对土的特性而言至关重要。在实际工程中，很多边坡在某次强降水作用下保持稳定，但可能会在随后的一次强度较小的降水作用下发生破坏。

近年来我国边坡滑坡频发，究其原因大多是由于水引起的边坡破坏导致灾害的出现。例如，2007 年 6 月 15 日湖北省巴东县清太坪镇清江水布娅大坝上游约 30km 的坡体发生大面积滑坡事故（图 2.1），500 万 m^3 滑坡体坠入 300m 以下的清江，卷起 15～30m 高的涌浪，险区 1000m 以外邻近乡镇正在劳作的 18 人受到滑坡体冲击，其中 10 人当场获救，8 人失踪，另有 15 栋房屋滑入清江。险情同时危及巴东县清太坪、水布垭、金果坪三个乡镇的部分区域。

图 2.1　巴东滑坡事故

2004 年，重庆市万盛经济技术开发区万东镇新华村胡家沟社一山体受到暴雨形成的山洪冲刷，致使山体和南桐矿务局东林煤矿煤矸石渣场拦堤被冲垮，山体及矿渣约 20 万 m^3 沿坡地向前推移约 500m，覆盖山脚 14 户村民住房，房屋被土石方压塌，并造成人员伤亡。此次山体滑坡的主要诱发原因也同样是降水对坡体的不断侵蚀，坡体在突然遭遇大强度降水后极易发生坡体失稳现象，如图 2.2 所示。

图 2.2　重庆万盛山体垮塌

三峡库区历来是地质灾害高发区，2014 年期间，云阳频繁发生滑坡灾害，形成 142 处滑坡险区，造成 500 余户居民农房全部垮塌，转移疏散群众 4600 多人，直接经济损失超过 1.5 亿元。2017 年 6 月 19 日重庆云阳县县道长高路 3km 处突发山体滑坡（图 2.3），巨大的落石导致该路段双向断道。整个塌方总量超过 1000m^3，最大的巨石有数十吨之重。滑坡还造成一处房屋受损。途经该路段前往巫山县，巫溪县以及云阳县南溪、江口、沙市等乡镇的车辆绕行 103 省道。

图 2.3 重庆云阳山体滑坡

上述边坡失稳问题均具有以下特点。

1）边坡地处潮湿多雨环境，经常遭受暴雨冲刷。

2）边坡高陡。由于自然地势原因，边坡大多坡度≥45°。

3）边坡失稳影响因素复杂。边坡稳定性受板块运动、降水入渗等多因素影响。

4）地质状况复杂。失稳边坡所处位置地质条件一般非常复杂，蚀变带、构造断层分布较多。

由此可见，边坡稳定性及其治理问题已成为影响人身财产安全的最重要问题，而边坡滑移问题不断，所带来的后续恢复与治理问题早就引起了工程技术人员的关注，也是目前亟须解决的工程难题。

2.3 水岩劣化作用研究的必要性

实践表明，水岩相互作用是岩体工程稳定性研究的重要内容，同时也是近年来岩土工程相关学科研究的前沿领域。岩石材料是一种多孔介质，主要由固体骨架及孔隙组成，组成岩石的矿物有多种，而且在成岩的过程中形成了众多的裂缝、孔洞等，故岩石为一种内部含有不连续面的非均匀非线性体。其中，固体骨架是由本身具有特殊几何形态和空间结构的颗粒构成，颗粒存在的形式有胶结物、矿物晶体等，其自身的结晶、化学特征及力学形态也不一样，继而表现为岩石内部孔隙分布的随机性、多样性及差异性。很多工程除了要面对复杂的地质条件与岩石力学问题外，还必须“应付”多变的自然环境问题，如频繁的降水与蒸发过程，而该过程所带来的后果便是使岩石（体）经常性地处于干湿循环的交替作用之下。然而，对于岩石这一多孔介质而言，有关反复干湿交替作用下岩石强度、变形变化规律以及微观结构损伤方面的认识还明显不足。从细观结构角度来看，岩石类材料的固有属性为非均匀及不连续性，然而其微观结构的损伤和破坏必然导致其宏观力学性质的变化，进而对岩土工程整体稳定性产生不利影响。水对岩体的侵害一直威胁着工程的推进乃至人员安全。因此，水岩作用下岩石损伤劣化机制也是近年来科研的重点方向。

（1）宏观方面

岩石与水相互作用时所表现的性质称为岩石的水理性，本书涉及的主要水理性概念包括岩石含水率、单轴抗压强度、三轴抗压强度以及抗拉强度。物理作用主要包括润滑、软化、泥化、干湿、冻融等过程。物理作用对岩石的损伤效应一部分是可逆的，如煤田基岩风化带的砂、泥岩风干失水后，强度逐渐增高；另一部分是不可逆的，如页岩、泥岩遇水崩解等问题。工程岩体之所以发生变形、破坏等灾害，其本质原因是外部条件破坏了原岩的原始应力平衡，岩体的力学行为与外部条件等密切相关。尾矿库边坡等库岸边坡岩体未受到外界环境干扰影响之前往往处于三相原岩应力状态，开挖过程打破了原始的应力平衡状态，导致围岩三维应力场重新分布。在此过程中，岩石经历了加载、卸载、复合加卸载等复杂的应力过程，而且围岩内部不同位置岩石应力路径各不相同，导致实际工程岩体应力路径呈复杂多样化。由于岩体并非纯弹性材料，巷道围岩变形、破裂演化必然依赖于岩体的围岩应力状态、应力路径变化等应力场环境。裂隙岩体内部存在的节理、裂隙等非连续面不但导致裂隙岩体强度、变形等力学性质的不连续、各向异性，而且为地下水提供了存储空间和渗流通道。一方面，地下水在岩体裂隙网络中的赋存和渗流会对裂隙岩体的应力状态产生明显影响，其中高压渗流的影响尤为突出；另一方面，应力场的改变可能会造成裂隙变形、扩展及贯通，进而提高裂隙岩体的渗透性能，反过来引起渗流场的重新分布，这种相互的影响又称为流固耦合作用。近些年来，随着工程活动的范围及规模不断扩大，水利水电工程、边坡工程、交通隧道工程、市政地下工程、采矿工程等领域都涉及岩体地应力与地下水渗流压力的耦合问题。据有关学者的统计，90%以上的岩体边坡破坏和地下水渗流压力有关，60%的矿井事故与地下水作用有关，30%～40%的水电工程大坝失事是由地下水渗流作用引起的。此外，水库诱发地震、地表沉降、地下核废料存储等也都涉及地下水渗流压力作用的影响。由此可见，对岩体应力与地下水渗流压力耦合作用的研究具有重要的实际工程应用价值。由于水岩软化的影响，干燥岩石和饱和岩石在变形和强度方面具有显著的差别。许多学者普遍认为岩石的软化效应是诱发地质灾害的重要因素，如水库水位波动引起的滑坡，以及矿井底板岩体的稳定性。

地质环境主要是由岩土体环境、地应力环境和水环境所构成，在自然条件下，它们之间有着密切的依存关系和相互作用，始终处于不断变化的动平衡之中。水库的修建将会引起地表水和地下水环境及其动力作用系统的重大变化，不仅会加剧原有水岩作用的进程，还会引起一些新形式水岩作用的发展。这些作用不是通过改变岩土体的状态，就是通过改变其结构或成分，不断恶化岩土体的性质，最终导致岩土体因不能继续保持与周围环境的原有平衡态而发生突跃式的灾变，从而达到与周围环境的新平衡态。水库兴建后将形成大面积水域，在水库周边及库盆下相当大的范围内激发起强烈的水岩相互作用，造成对地质环境的人为影响。水库消落带更是一个典型的水岩相互作用带，指水库因季节性水位涨落而使周边被淹没土地周期性地出露于水面的一个特殊的区域，又称为水库涨落带或水库涨落区。水在边坡的失稳中扮演了极其重要的角色。水库水位涨落和降水是诱发库岸滑坡的重要因素。《中国典型滑坡》一书统计的滑坡案例，超过95%以上的滑坡致灾是由于水的作用所诱发。某些近千千米长的岸坡受到高达30m消落带影响时，水岩相互作用所导致的岸坡岩体稳定性将会发生怎样的变化以及如何处理处在滑坡体上的居民点、厂矿和耕地，始终是十分严峻而又不可回避的现实问题，亟待研究和解决。开展库区消落带水岩相互作用机理及其对库区内工程岩体稳定性的影响研究，对于科学地认识大坝建成蓄水后库岸边坡及其危岩体的稳定性和危险性，制订库区防灾减灾的中长远规划具有重要的现实意义。

目前，国内外许多学者对水岩物理、化学作用机理以及物理作用和化学作用产生的力学效应等做了大量研究，分析了水岩作用对岩石宏观力学及岩石组成成分的影响，认为侵水作用下岩石的组分、强度及变形特征等方面均产生了显著的变化，揭示了水岩作用下岩石宏观力学特性及强度弱化的机理。岩石宏观力学特性及强度改变是岩石内部细观结构的变化引起的。此外，随着科技的发展以及监测手段的提高，目前对侵水岩石细观结构的研究手段逐步得到完善，但由于不同条件下含水岩石损伤过程较复杂，很难选择一种既在理论上可行又在工程应用上方便实用的监测手段。核磁共振技术是一种快速、连续、直观观测、无损的监测技术，可实时监测岩石内部孔隙结构演化规律，揭示岩石内部损伤演化过程。因此，本书从现场调查、理论分析、试验研究与计算机仿真模拟等多方面对水岩作用下岩石细观结构演化，渗透性及损伤演化等问题进行了深入研究，为库岸边坡岩石的破坏前兆信息和稳定性分析提供可靠的理论指导，为我国涉水边坡稳定性研究提供更有力的保障。

（2）细观方面

近年来，为促进岩石孔隙空间的结构特征、流体分布规律以及它们的相互作用机理等微观性质的研究，需要从根本上认识微观与宏观的联系，以此为基础有助于找到更有效的研究岩石细观变化对岩石宏观性质影响的方法，从而通过新的技术手段为理论深化提供更加高效的技术指导。岩石的微观性质可以通过岩石物理试验来定性研究。岩石物理试验通过对岩心直接进行测试，得到比较准确的储层属性参数，如通过超声的测量获取岩石的纵横波速度以及弹性参数，通过渗流试验获取岩石的渗透率、毛管压力曲线等参数，同时也可以进行核磁共振性质和电特性的测试。通过上述测试可制作岩石物理量版，并给出储层的渗透率、孔隙度等重要参数。但是，岩石物理试验大多缺少定量的描述，很多现象仍无法解释。建立的很多理论模型都是以岩石的骨架和孔隙为基础进行的假设，得到的是岩石粗略的模型，不能得到精准的孔隙空间分布结构模型。此外，岩石物理试验也存在一些其他的弊端，如测试周期较长，数据结果存在噪声干扰，岩心的保存需要占用大量的空间且环境条件要求高等。数字岩心技术的出现有效地解决了上述问题。基于三维数字岩心的岩石物理数值模拟在岩石物理理论研究和实际应用中发挥了越来越重要的作用。

天然岩体中的孔隙形态、尺度、分布规律非常复杂，且岩体具有不透明性，因此无法通过直接观察进行定量描述。随着科学技术的发展，越来越多的新技术、新设备应用于获取岩体内部的细观结构信息。CT 扫描技术可对岩体内部的断面进行扫描，从而获得反映岩体内部细观信息的 CT 扫描图像。CT 扫描技术可用于获取裂缝、孔隙等岩石内部细观结构信息，也可用于观察岩石破坏后的内部裂纹形态。SEM 技术可以用来获取试样的高分辨率三维图像，所以相比其他显微技术可提供更多的信息；同时，SEM 技术可用于研究岩石中的微孔隙、岩石表面颗粒结构。核磁共振技术属于无损检测技术，由交变磁场与被测物质相互作用来确定核磁共振谱的特征，进而分析出该组成物质的结构特性。核磁共振技术可用于研究在冻融循环条件作用下，岩石的力学性质的变化特征；同时，核磁共振技术在研究岩石孔隙结构、储层岩石孔隙流体特性等方面也具有广泛的应用。

一些学者利用 CT 扫描技术得到岩石内部扫描图像，并对其进行更深入的分析和研究。例如，Yu 等[189]基于 CT 扫描技术构建了可反映岩石试样内部节理信息的有限元数值模型，研究了岩石节理对其破坏过程的影响；孙华飞等[190]利用 CT 扫描技术发展了一种可以观测试样内部损伤和破裂的方法；鞠杨等[191]基于 CT 图像技术结合 FLAC3D 有限元程序构建数值模型，分析了砂岩孔隙结构特征的影响。CT 扫描技术可获取岩石内部的断面图，同时不会对岩石内部的细观结构造成损伤，所以被广泛用于岩石细观力学问题的研究中。基于 CT 扫描技术，结合数字图像处理技术与数值计算方法，可以实现构建岩石细观数值模型，对岩石细观力学方面进行更深入的研究；同时，数字岩心是以真实岩心的二维断层图像为基础，利用重建算法建立岩心的三维模型。将岩心数字化，得到的岩心模型更加真实可靠，继而以模型为基础进行弹性性质、电学性质、核磁共振和渗流性质等多种属性参数的模拟计算，参数结果更加精准。常规的岩石物理试验周期较长，数据存在噪声，而数字岩心计算的时间短、效率高，相较于岩石物理测试使用的时间和经费较少。除此之外，数字岩心可以永久保存，调用方便，还可重复使用，且不破坏岩石样品，甚至可以使用岩屑进行分析。对于致密储层的研究，数字岩心较常规岩石物理测试的优势更加凸显，应用 Micro-CT、Nano-CT 或者扫描电子显微镜等设备可以得到致密岩石内部微孔的真实分布情况，对于分析孔隙尺度上的岩石属性参数有极大帮助。通过数字岩心分析，可以建立不同的微观参数与岩石整体性质的关系，这些优势使得数字岩心以及以此为基础的岩石物理数值模拟在油气勘探、开发、边坡治理等实际应用中发挥了越来越重要的作用，对于岩石物理理论研究具有重要的科研价值和意义。

岩石细观结构研究是一门交叉学科，主要用来研究材料的细观结构特征对其物理力学性质的影响。岩石是由不同矿物晶体颗粒经过复杂的地质演化过程构成的各向异性材料，颗粒性质的不同、晶界和缺陷（孔隙、裂隙等）的存在是导致岩石不均匀性的原因。由于岩石存在复杂的孔隙结构，并且现阶段的基础理论和研究手段具有一定局限性，目前针对岩石的应力场演化规律和变形破坏行为以及细观结构对破坏性质的影响等方面的研究成果，与实际工程需要相差甚远。天然岩体存在许多形状不规则且大小各异的孔隙结构。从理论上讲，这些孔隙结构的形态、分布、尺寸、接触方式决定着岩石的整体力学响应与变形破坏行为，但由于孔隙的空间形态结构和分布情况复杂，难以从理论上建立孔隙岩石的整体力学响应、本构方程和破坏规律与细观结构特征的变化关系，因此在以往的研究中更多地忽略了细观孔隙结构对变形、强度与破坏特征的影响。一些学者的研究表明，岩石的孔隙结构特征（如孔隙率、孔隙空间分布、孔隙形状与连通性等特性）对岩石的物理力学性质具有很大的影响，如流体渗流、力学行为、热性能、松弛时间等。

在石油、天然气、矿业工程领域中，需要准确运用勘探技术来掌握周围裂缝扩展规律；在土木与水电工程中，需要关注坝基、库岸边坡和地下硐室围岩的稳定问题、地下岩体结构及结构面的分布演化规律等。岩石内部宏细观复杂结构、裂隙萌生和扩展过程是不可见的，属于典型的“黑箱问题”。因此，研究岩石内部结构特性对其宏细观破坏机理以及对岩石工程力学特性的影响，对解决能源工程、地质工程及水利工程等实际工程问题具有一定的参考意义。

3 水岩作用下岩石宏观力学性质

本章对岩质边坡地区常见的五种岩样进行了岩石力学试验，包括单轴压缩试验、三轴压缩试验、抗拉强度试验。获得了五种岩样的基本力学参数，以此探究水岩作用下岩样的力学参数变化，为后续研究滑坡岩土体的变形破坏特征做铺垫。

3.1 水岩作用试验方案设计

3.1.1 岩石取样与制作

测试岩样采取钻孔取芯和坡面抱块相结合的办法，钻孔取芯岩样用保鲜膜包裹保证岩石自然状态的含水率，避免风化，记录岩石的岩性、采取深度等并蜡封装箱，运送至实验室。现场抱块岩石用挖掘机剥离坡面风化岩石，将岩石标记后直接运送至实验室，在实验室用取芯机取出岩样。选取具有代表性的五种岩样。现场取样与封装如图 3.1 所示。

标准试件在实验室内通过精细加工制成。岩样运输到实验室后，按照以下步骤加工岩样。

1）用岩石切割机将岩样分割为长度为 110mm 左右的初岩样，如图 3.2（a）所示。

2）用小型采石钻钻取圆柱体试样，如图 3.2（b）所示。

3）将钻取后的圆柱体试样进行端面磨平，加工为标准岩样尺寸，如图 3.2（c）所示。标准岩样尺寸高约 100mm，直径约 50mm，要求两端面的平整度小于 0.05mm，端面垂直度小于 0.25°。

4）岩样制备完成后，首先进行肉眼观察，剔除表面有裂纹、层理和条纹等缺陷的试件，选择均匀性好、纹理一致的岩样。然后通过声波仪测定每块岩样的纵波波速 V_p 及横波波速 V_s。根据测试结果，选取有代表性的岩样作为试验岩样，经过筛选的部分岩样如图 3.2（d）所示。

（a）钻孔取样

（b）岩样蜡封

（c）岩样装箱

（d）抱块加工

图 3.1 现场取样与封装

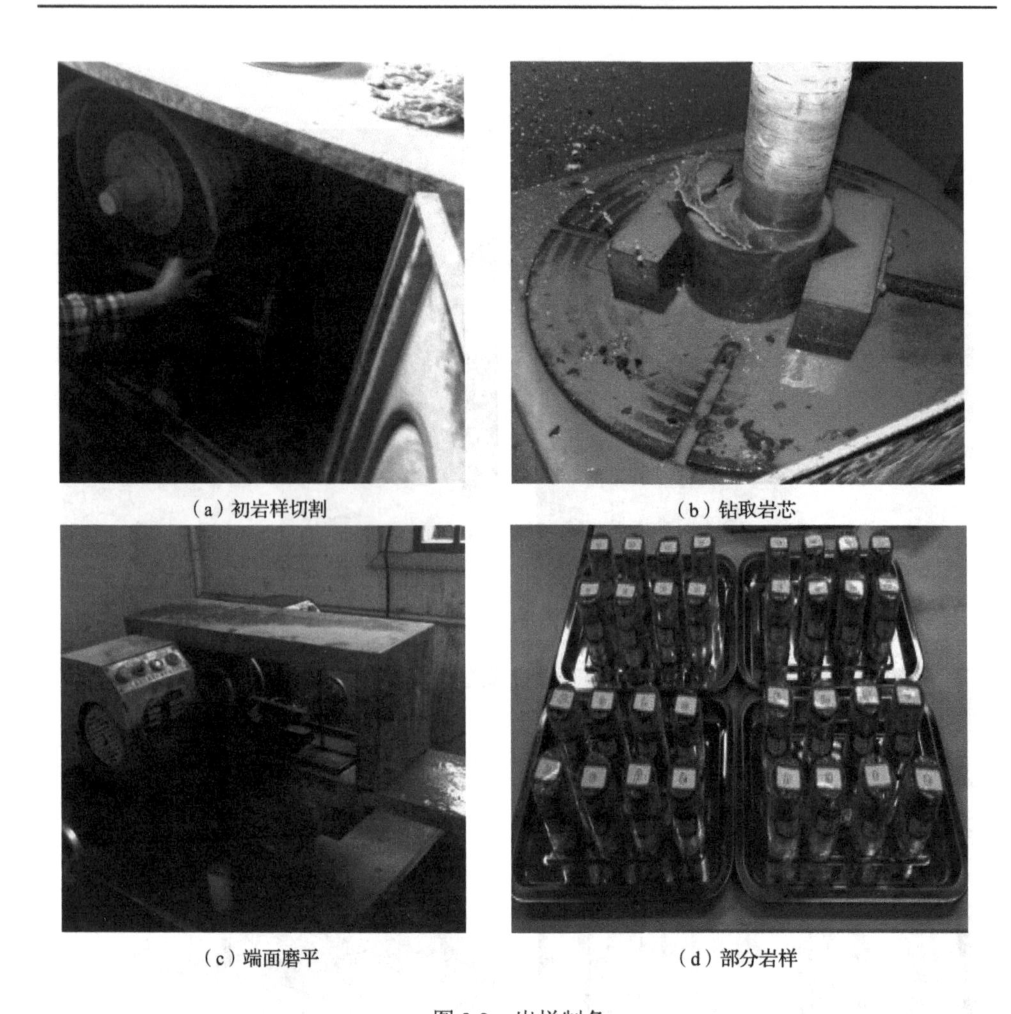

（a）初岩样切割　（b）钻取岩芯　（c）端面磨平　（d）部分岩样

图 3.2　岩样制备

3.1.2　试验方案

对岩样分别进行含水率试验、单轴压缩试验、抗拉强度试验和三轴压缩试验。试验设计方案如图 3.3 所示。

加工好的岩样首先进行含水率试验，分别测定自然状态下，侵水 6h、12h、24h、48h 的含水率，确定岩样饱水所需时间；再进行不同饱水-失水循环次数（自然状态、1 次、5 次、15 次）下的单轴压缩试验和抗拉强度试验；对于水岩作用影响明显的岩石分别进行不同饱水-失水循环次数（自然状态、1 次、5 次、15 次）下的三轴压缩（围压 2.0MPa、5.0MPa、9.0MPa）试验。

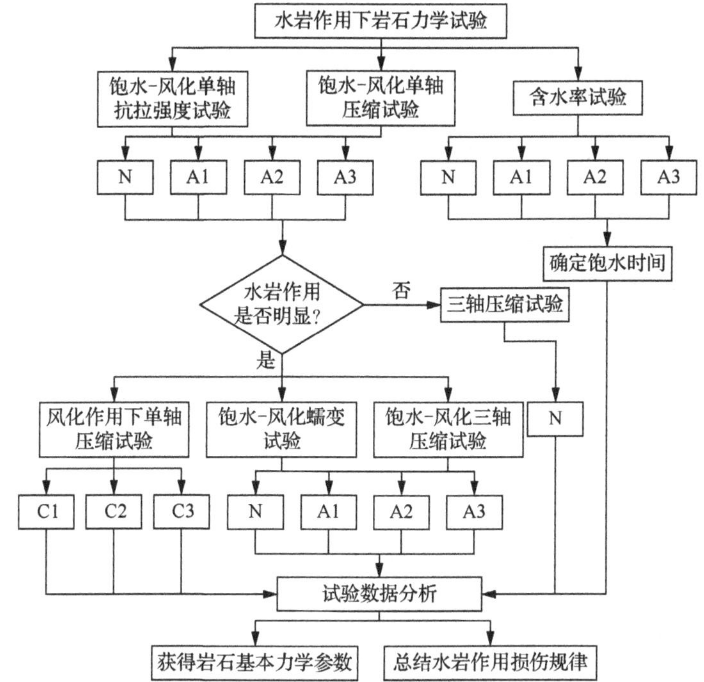

N—自然状态下的岩样分组；A1、A2、A3—分别表示 1 次、5 次、15 次饱水-失水循环次数后的岩样分组；C1、C2、C3—分别表示 15d、30d、90d 风化后的岩样分组。

图 3.3 试验设计方案

3.2 水岩作用下岩石含水率试验

3.2.1 试验设备

岩石的含水率是指岩石所含水的质量与其烘干后的质量之比。本书通过测定各岩样（岩样一～岩样五）在自然状态下，侵水 6h、12h、24h、48h 下的含水率，确定岩样饱水所需时间，开展岩样饱水-失水循环模拟过程。图 3.4 所示为烘干法试验设备。

（a）烘箱

（b）干燥器

（c）电子台秤

图 3.4 烘干法试验设备

3.2.2 试验步骤

1）将岩样分组（自然状态，侵水 6h、12h、24h、48h），并将四组岩样分别在水中浸泡 6h、12h、24h、48h，然后分别称量、记录制备的试件质量。

2）将试件置于 105～110℃恒温的烘箱内，烘干 12h。

3）将试件从烘箱内取出，放入干燥器冷却至室温，称量、记录试件质量。

4）重复第 2）、3）步，直到烘干试件至恒量，即 12h 内两次称量质量之差小于后一次称量质量的 0.1%。

5）计算试件自然状态、不同侵水状态下的含水率。

3.2.3 试验数据处理

按式（3.1）计算岩石含水率：

$$\omega=\left(\frac{M_1}{M_2}-1\right)\times 100\% \tag{3.1}$$

式中，ω——岩样的含水率；

M_1——烘干前的试件质量，g；

M_2——烘干后的试件质量，g。

各岩样含水率试验结果如表 3.1 所示。各岩样含水率试验曲线如图 3.5 所示。由试验数据可知，各岩样侵水 48h 比侵水 24h 含水率提高 0.008%～0.028%，24h 侵水后岩样基本趋于饱和；岩样五在自然状态下和饱和状态下的含水率最低，分别为 0.67%和 1.12%；岩样三在自然状态下和饱和状态下的含水率最高，分别为 2.73%和 3.43%。综合考虑确定试验饱水-失水循环模拟时间为侵水 24h 后烘干 12h。

表 3.1　各岩样含水率试验结果　（单位：%）

试验状态	岩样一	岩样二	岩样三	岩样四	岩样五
自然状态	0.83	2.02	2.73	1.82	0.67
侵水 6h	0.99	2.18	3.17	2.33	0.83
侵水 12h	1.22	2.27	3.30	2.52	1.02
侵水 24h	1.27	2.35	3.39	2.62	1.09
侵水 48h	1.28	2.38	3.43	2.65	1.12

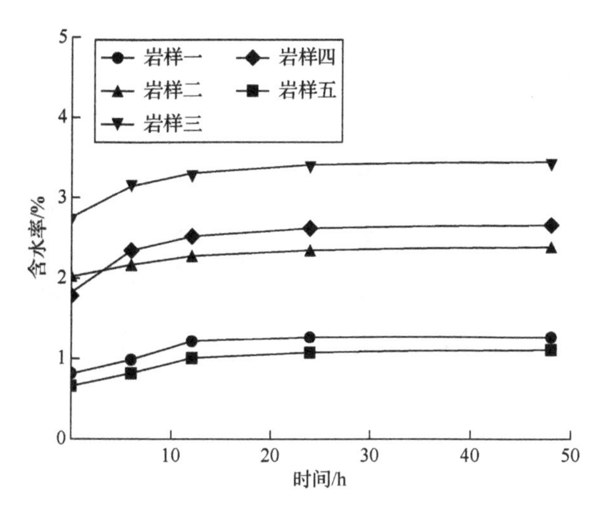

图 3.5 各岩样含水率试验曲线

3.3 水岩作用下岩石单轴压缩试验

单轴抗压性能试验包括单轴抗压强度试验和单轴压缩变形试验。单轴抗压强度试验是测定试件在无侧限条件下，受轴向压力作用破坏时，单位面积上所承受的荷载；单轴压缩变形试验是测定试件在单轴压缩应力条件下的轴向及径向应变，据此计算试件弹性模量和泊松比。

3.3.1 试验设备

根据研究的需要，单轴压缩试验过程需监控轴向变形值和径向变形值。本次单轴压缩试验采用山东科技大学土木建筑学院与长春市朝阳试验仪器有限公司共同研发的 TAW-2000 电液伺服岩石三轴试验机，如图 3.6 所示。

TAW-2000 电液伺服岩石三轴试验机是目前国内外先进的岩石三轴试验设备，可进行单轴压缩试验、不同围压水平的三轴压缩试验、劈裂试验，并带有温度模式。该设备具有以下优点。

1）三轴压力室采用了自平衡压力室，岩石在不加轴压时的各个方向所受的压力是相同的，在加轴压时围压对轴压没有附加力。

(a) 加载区

(b) 加载控制区

图 3.6　单轴压缩试验设备

2）该设备安装了变形传感器可对岩石在单轴和三轴状态下的轴向及径向变形进行直接测量，如图 3.7 所示。这种测量方式精确度高，可信度高，是岩石变形测量的最佳方法。

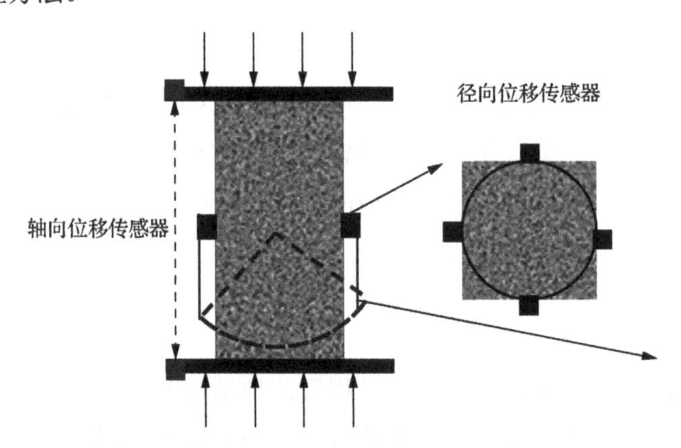

图 3.7　试件变形监测

3）该设备选用德国 DOLI 公司原装进口的全数字伺服测控器作为控制核心，使该试验机的控制达到了世界先进水平。

该试验机其他参数说明如下。

① 主机整体门式承载结构刚度大，达 10GN/m 以上。

② 轴向最大加载可达 2000kN，测力分辨率为 20N，测力精度为±1%。

③ 可加最大围压达 100MPa，围压分辨率为 0.1MPa，围压控制精度为±2%。

④ 变形测量控制分辨率为 0.0001mm，测量精度为±1%。

3.3.2　试验方案

本试验分别对五种岩样进行试验，每组三个岩样，分别进行自然状态下单轴抗压强度试验，不同饱水-失水循环次数（1 次、5 次、15 次）下单轴抗压强度试验，并对水岩作用明显的岩样三和岩样四进行不同风化时间（15d、30d、90d）的单轴抗压强度试验，探究不同试验方案下的岩石单轴抗压强度规律。试验方案如表 3.2 所示。

表 3.2　试验方案

状态划分	状态水平	试件个数
自然状态		5 组×3 个
循环次数	1 次	5 组×3 个
	5 次	5 组×3 个
	15 次	5 组×3 个
不同风化时间	15d	2 组×3 个
	30d	2 组×3 个
	90d	2 组×3 个

注：不同风化时间仅对易风化的岩样三及岩样四进行试验。

3.3.3　试验步骤

根据单轴压缩试验目的，按照以下步骤进行单轴压缩试验，具体试验流程如图 3.8 所示。

1）测定前核对岩样的名称及编号。对试件岩性、颜色、层理、节理、裂隙及加工过程中出现的问题进行记录，并填入记录表内。

2）检查试件加工数据并填入记录表内。

① 直径量测。在试件的上下断面附近以及中央断面附近，测定相互垂直的两个方向的直径，取其算术平均值为试件的直径。

② 高度量测。在过试件中心轴的两个相交的平面内各取两点，测定两个高度值，取其算术平均值作为试件的高度。

3）套热缩管。由于固体破裂过程释放能量较大，热缩管在单轴压缩试验中具有一定的缓冲保护作用。测量制备好的岩样尺寸，然后用热缩管按从上到下的顺序将上垫块、岩样、下垫块包裹，并用热风机加热热缩管，使其与岩样、垫块接触紧密。加热过程中，热风机应螺旋式吹风，使热缩管与岩样、垫块均匀、紧密接触。

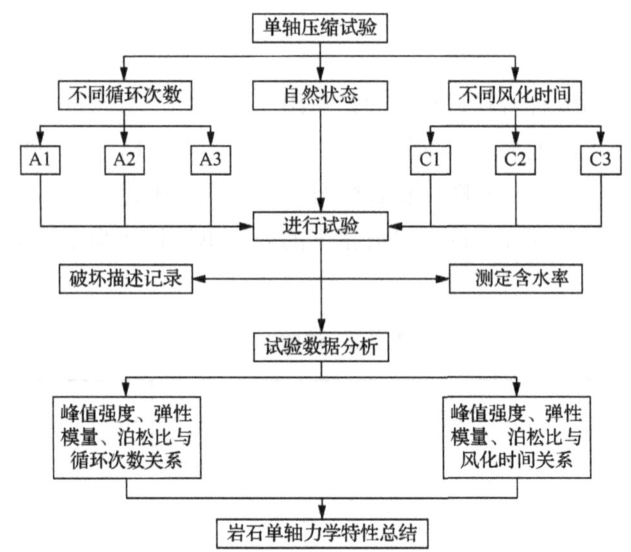

A1、A2、A3—分别表示 1 次、5 次、15 次饱水-失水循环次数后的岩样分组；
C1、C2、C3—分别表示 15d、30d、90d 风化后的岩样分组。

图 3.8　试验流程图

4）在试件上安装轴向和径向引伸计，以测定轴向和径向应变。将试件套上热缩胶套后置于伺服试验机承压板压头中间，在胶套外安装好轴向及环向引伸计，尽可能保证环向引伸计安装水平且轴向引伸计在岩样中部对称位置。试件为脆性岩石时，应加设保护装置。

5）施加少量预压荷载（本试验取值 0.2kN），以保证试件与试验机加载装置紧密接触，从而削弱试件断面不平整度带来的误差影响。将轴向变形和径向变形值清零，以 0.2mm/min 的轴向位移速率进行轴压加载，直至试件破坏。如无峰值时，加载至轴向应变达 15%～20%时停止试验。

3.3.4　试验结果及分析

1. 自然状态下岩石应力-应变全过程曲线分析

由选取岩样单轴压缩试验数据分析可知，岩石的应力-应变（σ-ε）曲线具有相似的分布形式，可分为五个阶段，如图 3.9 所示。具体特点总结如下。

1）孔裂隙压密阶段（*OA* 段）。此阶段应力-应变曲线呈上凹形状，其斜率随着应力增加而增加（岩石被压密），此时岩样内的微裂隙在荷载作用下不断地被压密，弹性模量不断增加。

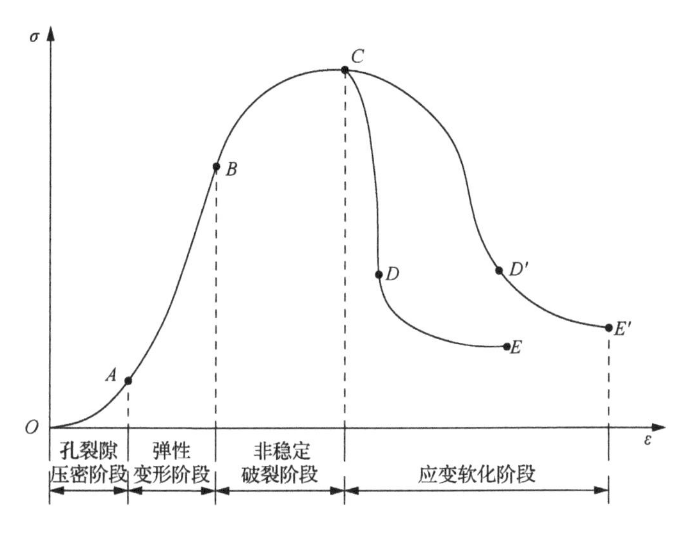

图 3.9 简化后轴向应力-应变曲线示意图

2）弹性变形阶段（*AB* 段）。$\sigma-\varepsilon$曲线呈线性变化，曲线斜率稳定。岩石内部的空隙已在上一阶段闭合，岩石实体处于线弹性变形状态，微破裂增长缓慢，曲线斜率保持基本稳定。此阶段进行卸载可恢复弹性变形，但有残余应变。

3）非稳定破裂阶段（*BC* 段）。$\sigma-\varepsilon$曲线不再呈线性变化，而呈下凹状，曲线斜率不断减小，此时岩石出现不可逆的塑性变形。进行微观分析，发现此时岩石内部有新裂隙产生，原生裂隙也在不断扩展。

4）屈服阶段（*CD* 段、*CD'*段）。此阶段呈现两种趋势，岩样一、岩样二和岩样五表现为脆性破坏，应力达到峰值后，突然降至较低水平，如$\sigma-\varepsilon$曲线 *CD* 段所示；岩样三和岩样四达到极限抗压强度后，应力减小，应变继续增加，应变出现软化现象，这是由于岩质的不同引起的。从微观角度上分析，前者岩样存在大量高强度微元，随着荷载增加，硬岩低强度的微元首先发生破坏，当荷载达到高强度微元的破坏强度时，大量高强度微元破坏，造成应力的突变；后者岩样在微元破坏的同时，内部新的裂纹不断产生，其承载力下降是旧裂隙扩展和新裂隙发展造成的。

5）破坏阶段（*DE* 段、*D'E'*段）。岩石经历屈服阶段后，裂纹贯通，岩石微元间存在着一定的摩擦效应，此时岩样仍具有一定的残余强度。

2. 岩石单轴压缩试验分析

各岩样不同饱水-失水循环次数下的单轴应力-应变曲线如图 3.10 所示。

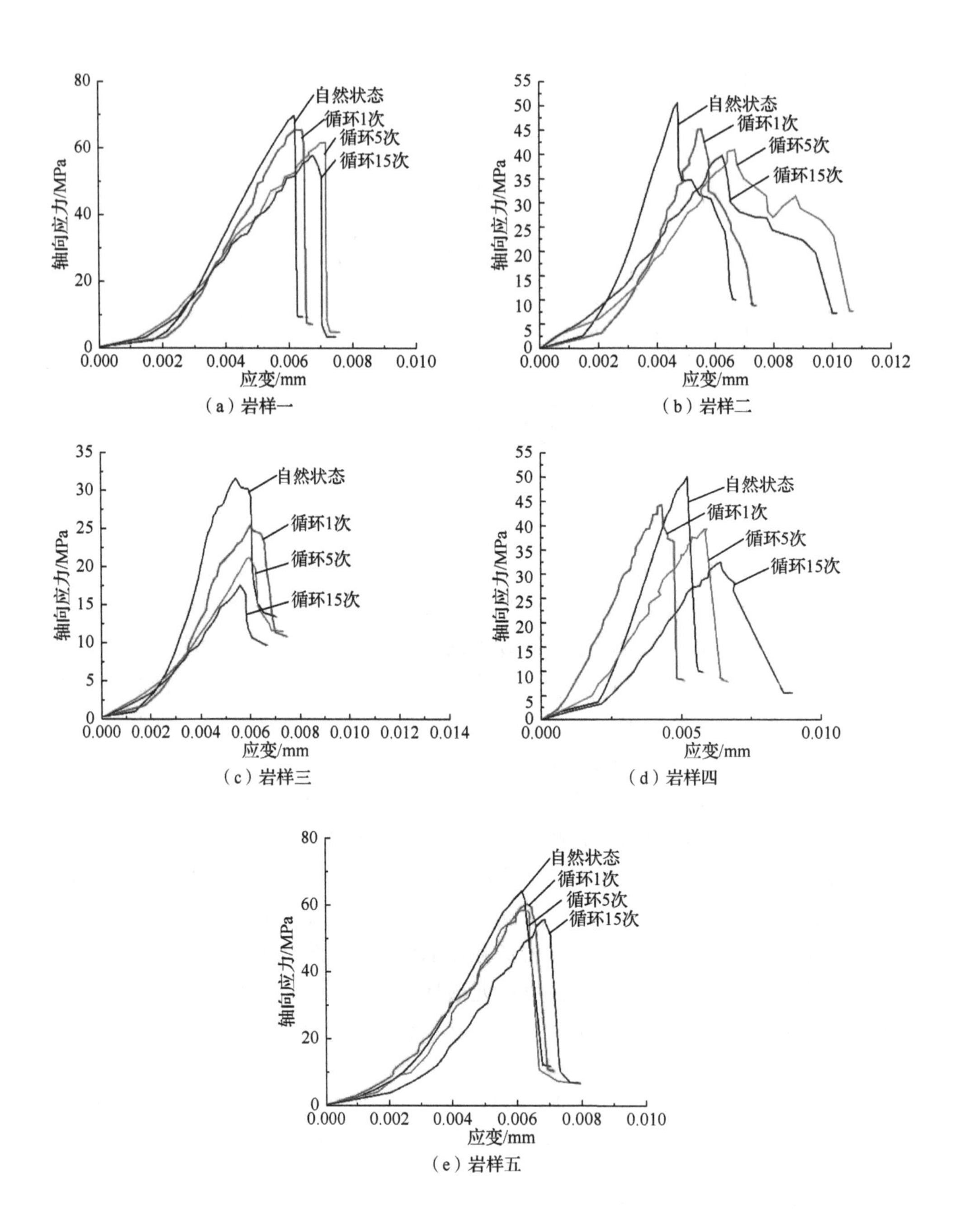

(a) 岩样一　(b) 岩样二　(c) 岩样三　(d) 岩样四　(e) 岩样五

图 3.10　各岩样不同饱水-失水循环次数下的单轴应力-应变曲线

从图 3.10 中可以看出，经过饱水-失水循环后各岩样的单轴抗压强度都有所降低；随着循环次数的增多，达到峰值强度时的轴向应变有所增大；所测岩样的力学特性分为两类。

1）岩样一、岩样二、岩样五对水的敏感性较小，经历饱水-失水循环 15 次后，岩样单轴抗压强度为自然状态下的 80%～90%。

2）岩样三、岩样四对水的敏感性较大。岩样三遇水软化性最为明显，循环 15 次后的单轴抗压强度下降至 17.53MPa，仅为自然状态下的 55.4%。各岩样单轴压缩试验物理力学性质如表 3.3 所示。

表 3.3 各岩样单轴压缩试验物理力学性质

岩石	试验状态	峰值强度/MPa	弹性模量 E/GPa	泊松比μ	轴向峰值应变
岩样一	自然状态	69.53	16.75	0.212	0.00622
	循环 1 次	65.2	15.2	0.214	0.00624
	循环 5 次	61.43	11.2	0.21	0.00703
	循环 15 次	57.47	11.48	0.216	0.00681
岩样二	自然状态	50.67	16.66	0.236	0.00468
	循环 1 次	45.37	12.04	0.234	0.00548
	循环 5 次	41.08	8.09	0.242	0.00662
	循环 15 次	39.88	7.56	0.244	0.00619
岩样三	自然状态	31.64	10.5	0.282	0.00566
	循环 1 次	25.43	6.75	0.292	0.00625
	循环 5 次	21.18	4.54	0.298	0.00622
	循环 15 次	17.53	4.18	0.304	0.00582
岩样四	自然状态	50.01	15.24	0.224	0.00527
	循环 1 次	44.28	12.02	0.226	0.00435
	循环 5 次	39.28	8.79	0.226	0.00597
	循环 15 次	32.56	7.38	0.232	0.00646
岩样五	自然状态	65.58	16.39	0.211	0.00598
	循环 1 次	61.69	12.33	0.208	0.00610
	循环 5 次	59.69	13.9	0.21	0.00599
	循环 15 次	56.84	13.22	0.212	0.00667

3. 不同风化时间岩石单轴压缩试验分析

试验考虑长期风化作用对岩样的影响，对露出部分较大的岩样三和岩样四分别进行了不同风化时间的单轴抗压强度测试。试验应力-应变曲线如图 3.11 所示。

由试验结果可以看出：

1）随风化时间的增加，岩样三和岩样四的单轴抗压强度均呈现减小趋势，风化 90d 后，两种岩石的单轴抗压强度减小为其自然状态下的 60%左右，其中岩样三达到 57.8%。

2）风化作用下，岩样三和岩样四出现极限抗压强度时的应变量变大，并出现应变软化现象，残余强度变化相对峰值强度较小。

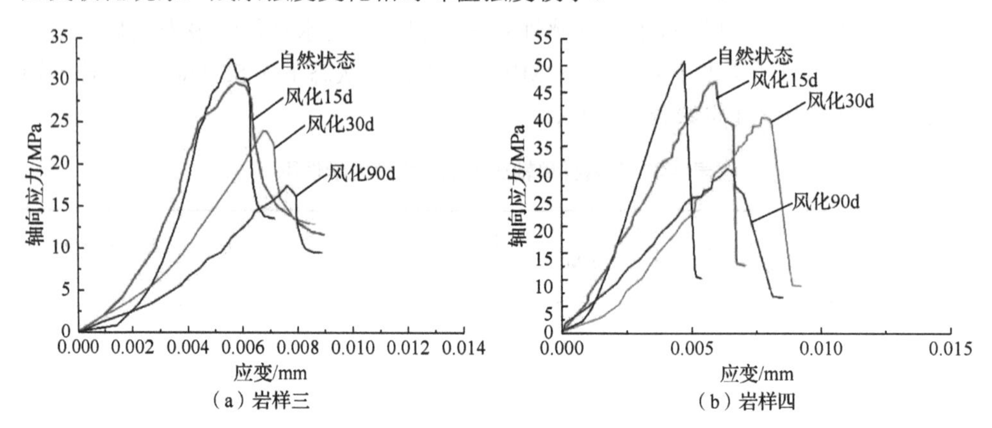

图 3.11　不同风化时间岩样的单轴应力-应变曲线

3.4　水岩作用下岩石抗拉强度试验

岩石的抗拉特性是分析岩体工程稳定性的重要力学指标。由于岩石材料的特殊性，直接进行标准试件拉伸试验对试件要求极高，耗费太大，通常采用间接法来测定岩石的抗拉强度，如纯弯曲梁法、劈裂法、点荷载法等，其中劈裂法和点荷载法是最常用的方法。本节采用劈裂法对岩石进行抗拉强度试验，并对试验结果进行对比分析。

3.4.1　试验步骤

劈裂试验采用直径 50mm、高度 25mm 的圆柱形试件，在不同饱水-失水循环次数（1 次、5 次、15 次）条件下进行试验。试验设备如图 3.12 所示。具体试验步骤如下。

1）将试件分组并使用游标卡尺测量试件尺寸（试件高度在其直径的两个垂直方向测量，取算数平均值）。

2）通过试件直径的两端沿轴线方向画两条相互平行的加载基线，将试件放入夹具内，上下刃对准基线，使试件中心线与加载机中心线对齐。

图 3.12　抗拉强度试验设备

3）开动试验机，以 0.03MPa/s 的速度加载至试件破坏，记录试验数据。

4）计算试件抗拉强度，如式（3.2）所示：

$$R_{\mathrm{L}} = 2\frac{P}{\pi}DL \tag{3.2}$$

式中，R_{L}——岩石抗拉强度，MPa；

P——试件破坏荷载，N；

D——试件直径，mm；

L——试件厚度，mm。

3.4.2　试验结果

五种岩样抗拉强度试验结果如表 3.4 所示。由试验结果可以看出，各种岩石的抗拉强度随饱水-失水循环次数的增加而逐渐降低。岩样三自然状态下的抗拉强度最低，为 1.427MPa，经历饱水-失水循环 15 次后降为 0.8571MPa，降低了 40%；岩样五经历饱水-失水循环 15 次后抗拉强度下降了 15%。

表 3.4　各岩样抗拉强度试验结果　（单位：MPa）

试验状态	岩样一	岩样二	岩样三	岩样四	岩样五
自然状态	8.5605	4.1433	1.427	6.2403	7.3074
循环 1 次	8.0469	3.7165	1.1416	5.429	6.9423
循环 5 次	7.7045	3.3975	0.9989	4.8674	6.7228
循环 15 次	7.1052	3.3146	0.8571	4.0562	6.2113

3.5 水岩作用下岩石三轴压缩试验

目前测定岩石抗剪强度的试验方法包括室内试验和现场试验两种方法。由于现场试验条件的局限性，室内三轴压缩试验测定岩石抗剪强度应用较为普遍。根据围压的不同可以将三轴压缩试验分为假三轴试验（$\sigma_2=\sigma_3$，σ_2、σ_3分别为第二主应力、第三主应力）和真三轴试验（$\sigma_2\neq\sigma_3$）。本节内容研究采用假三轴试验方法测定岩石的抗剪强度。试验所用设备为山东科技大学自行研发的三轴试验机，如图 3.13 所示。

（a）试验机

（b）加压装置

图 3.13 三轴试验机

3.5.1 试验方案

将五种岩样分为两类，对水敏感性较低的岩样一、岩样二、岩样五进行自然状态下围压 2MPa、5MPa、9MPa 三组三轴压缩试验，对水敏感性较高的岩样三和岩样四进行自然状态下、不同饱水-失水循环次数（1 次、5 次、15 次）下的三轴压缩试验。具体试验步骤如下。

1）根据试验要求对岩样进行编号，并对岩样试件的物理性质进行详细描述，说明试件的颜色、颗粒大小、层理构造、风化程度、含水率状况、加载方向及加工过程中可能出现的问题。

2）利用相关测量仪器对岩样试件的直径、高度及横截面面积进行测量并记录。

① 测量试件的直径。对于直径的测量应取岩样试件的上下横截面以及中间附近的截面，并且要对相互垂直的两个方向的直径进行测量，计算两者的算术平均值作为最后直径取值。

② 测量试件的高度。对于岩样试件高度的测量应选取过试件中心轴的两个相交的截面内的两点，分别测定其长度值，取两者的算术平均值作为试件高度值。

③ 测定试件的横截面面积。直接用千分尺或者卡尺测量岩样试件直径，然后算出半径，再根据圆的面积公式计算出试件的横截面面积。

3）侧向压力的确定。最大侧向压力应根据工程需要和岩石的特性确定。侧向压力可按等差级数进行分级，也可按等比级数分级。

4）套热缩管。随着岩样试件轴向力的不断增大，试件最终发生破坏，破坏后的岩石碎块可能会落入油中，为了避免该情况发生，需要在试件上加套热缩管。

5）安装引伸计。将引伸计安装在两个垫块中间，其径向长度取试件高度的一半。

6）将预制好的岩样试件放到压力室内，检查试件下部是否与压力室底部的凹孔紧密接触。检查无误后，向压力室内注油，当油量达到试验要求时停止注油，将压力室密封。

7）操作试验控制系统缓慢对试件加压，在加压过程中一定要严格控制加载路径、加载速度，具体过程如下。

① 首先对试件进行轴向加压，大小为0.2kN，通过加压使试件与承压板紧密接触。

② 将此时岩样试件的轴向压力值、变形值以及围压值设置为零，以15N/s的速度对试件进行侧压加载，在试验结束前保持围压值不变，围压值变化不超出初始值的±2%。

③ 对岩样试件缓慢进行轴向加载，直至试件岩块破坏，加载速率应稳定在0.2mm/min左右，记录破坏荷载，并对试件的破坏状态进行详细描述。注意在试件的破坏面比较完整的情况下，测定最大轴向力作用面与破坏面两者间的角度值，以校核由试验数据计算得到的内摩擦角。

上述试验过程可用流程图来描述，如图3.14所示。

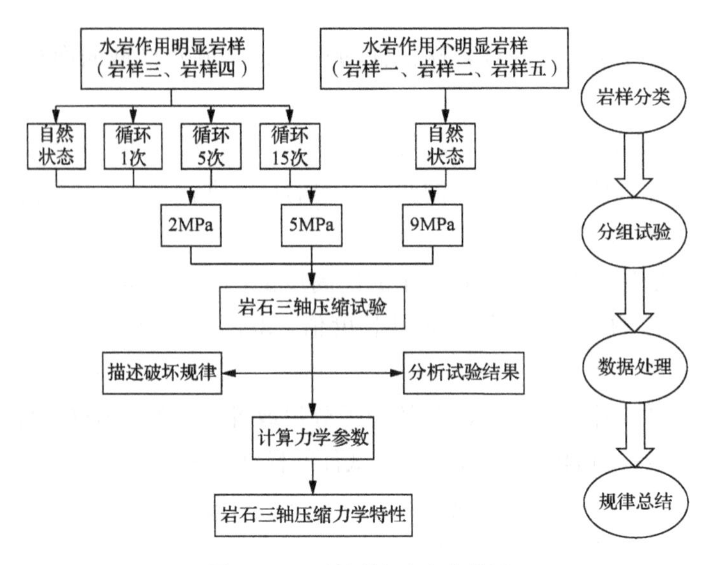

图 3.14　三轴压缩试验流程图

3.5.2　试验数据处理

1. 自然状态下岩样三轴试验结果分析

对水岩作用不明显的三种岩样（岩样一、岩样二、岩样五）进行自然状态下围压 2MPa、5MPa、9MPa 三轴压缩试验，根据所测应力结果拟合绘制莫尔应力圆以求得岩样黏聚力（C）、内摩擦角（φ），如图 3.15 所示。试验结果如表 3.5 所示。由此可以看出，随着围压增大岩石的极限抗压强度也随之增大，三种岩样在最大围压作用下的极限抗压强度较在最小围压作用下的极限抗压强度都增加了近 50%，其中岩样五在围压 9MPa 时的抗压强度达到了 103.34MPa，比单轴抗压强度增加了 67%。

表 3.5　三轴压缩试验结果

岩性	编号	第三主应力 σ_3 / MPa	$\sigma_1-\sigma_3$	第一主应力 σ_1 / MPa	黏聚力 C/MPa	内摩擦角 φ/（°）
岩样一	S8-1	2	71.99	73.99	17.00	37.12
	S8-2	5	77.99	82.99		
	S8-3	9	95.39	104.39		
岩样二	S9-1	2	50.99	52.99	9.59	42.98
	S9-2	5	60.99	65.99		
	S9-3	9	82.75	91.75		
岩样五	S10-1	2	67.98	69.98	15.21	39.10
	S10-2	5	74.89	79.89		
	S10-3	9	94.34	103.34		

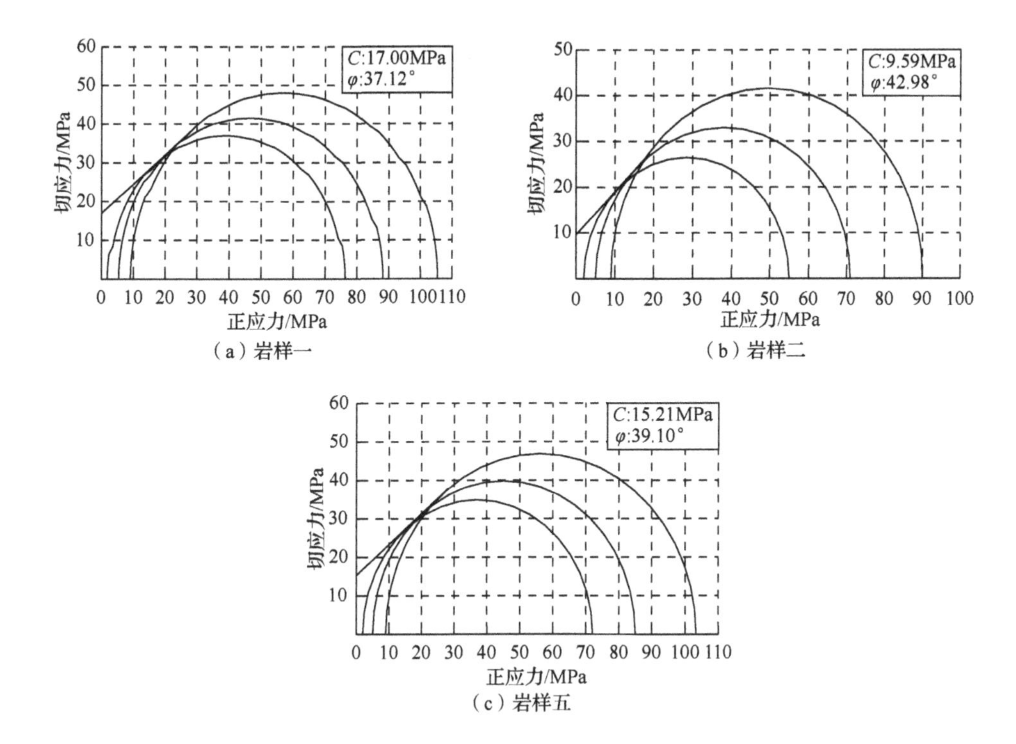

（a）岩样一

（b）岩样二

（c）岩样五

图 3.15 自然状态下岩样一、岩样二、岩样五的三轴压缩包络线

2. 饱水-失水循环作用下岩样三轴试验结果分析

对水岩作用比较明显的两种岩样（岩样三和岩样四）进行自然状态下和不同饱水-失水循环次数（1 次、5 次、15 次）下的三轴压缩试验。各试验状态下，两种岩样均进行围压为 2MPa、5MPa、9MPa 的三轴压缩试验。根据试验数据画出各种岩样的莫尔应力圆，求得岩样 C、φ 值。试验结果如表 3.6、图 3.16 和图 3.17 所示。由试验数据可以看出，随着饱水-失水循环次数的增加，岩石的极限抗压强度随之减小，C、φ 值也不断减小。

表 3.6 岩样三和岩样四三轴压缩试验结果

岩性	试验状态	编号	σ_3 / MPa	$\sigma_1-\sigma_3$ /MPa	σ_1 / MPa	黏聚力 C/MPa	内摩擦角 φ/（°）
岩样三	自然状态	S0-1	2	32.98	34.98	3.91	50.01
		S0-2	5	49.99	54.99		
		S0-3	9	80.44	89.44		
	饱水-失水循环 1 次	S1-1	2	28.22	30.22	3.63	47.89
		S1-2	5	42.51	47.51		
		S1-3	9	65.69	74.69		

续表

岩性	试验状态	编号	σ_3 / MPa	$\sigma_1-\sigma_3$ /MPa	σ_1 / MPa	黏聚力 C/MPa	内摩擦角 φ/（°）
岩样三	饱水-失水循环 5 次	S2-1	2	16.71	18.71	2.53	43.19
		S2-2	5	24.41	29.41		
		S2-3	9	23.21	32.21		
	饱水-失水循环 15 次	S3-1	2	5.89	7.89	1.19	35.40
		S3-2	5	7.41	12.41		
		S3-3	9	11.18	20.18		
岩样四	自然状态	S4-1	2	62.99	64.99	13.35	40.12
		S4-2	5	70.99	75.99		
		S4-3	9	80.69	89.82		
	饱水-失水循环 1 次	S5-1	2	54.15	56.15	12.39	38.31
		S5-2	5	60.65	65.65		
		S5-3	9	67.09	76.09		
	饱水-失水循环 5 次	S6-1	2	32.75	34.75	8.62	34.55
		S6-2	5	35.63	40.63		
		S6-3	9	38.81	47.81		
	饱水-失水循环 15 次	S7-1	2	12.66	14.66	4.07	28.32
		S7-2	5	12.15	17.15		
		S7-3	9	13.25	22.25		

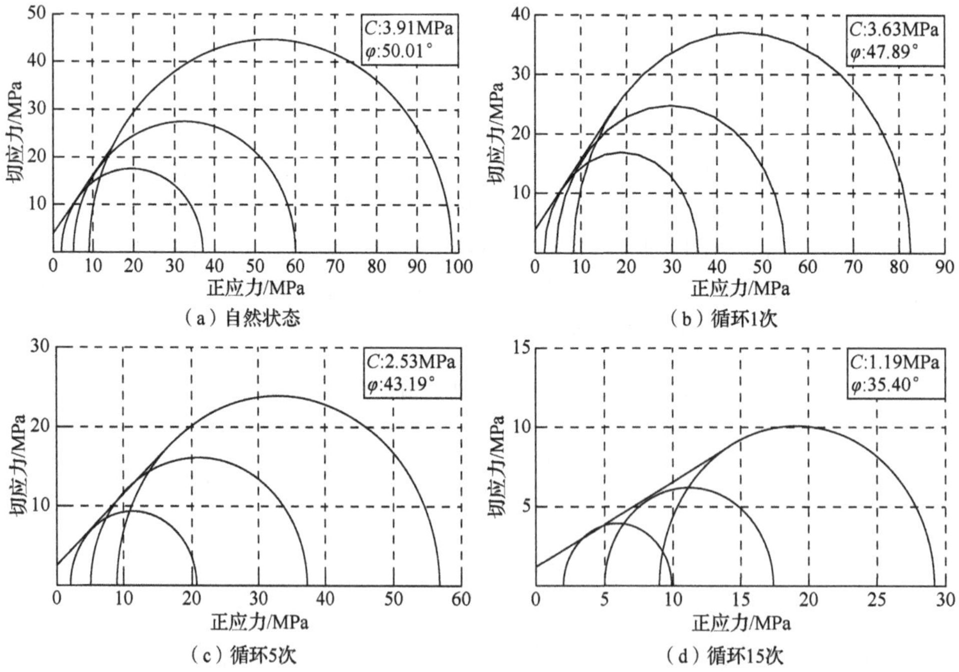

（a）自然状态

（b）循环1次

（c）循环5次

（d）循环15次

图 3.16　自然状态下及不同饱水-失水循环次数下岩样三的三轴压缩包络线

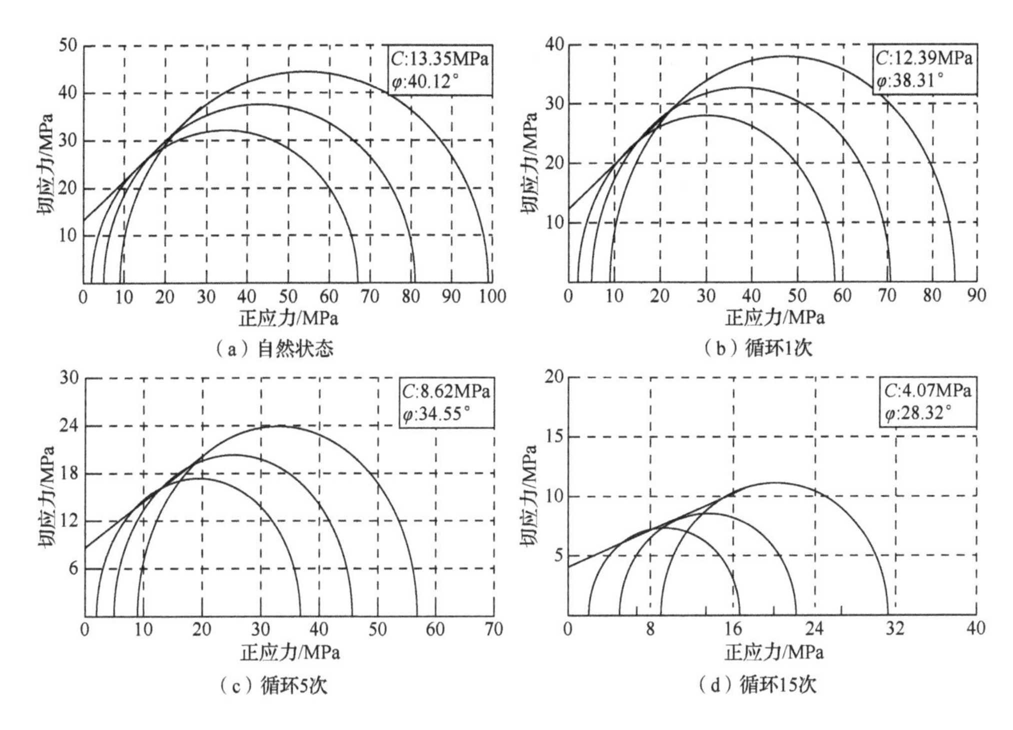

图 3.17 自然状态下及不同饱水-失水循环次数下岩样四的三轴压缩包络线

3.6 小 结

本章通过对岩石力学参数变化的研究，所得结论如下。

1）取五种代表性岩样，并确定基本的试验方案。通过含水率试验测得各岩样的自然含水率及侵水 6h、12h、24h、48h 的含水率，确定试验饱水-失水循环的侵水时间为 24h，风化时间为 12h。

2）对五种岩样进行不同饱水-失水循环次数的单轴压缩试验和抗拉强度试验，分析岩石应力-应变规律，获得各岩样在自然状态下的弹性模量及泊松比。对比不同循环次数下的试验数据，发现各组岩石经历饱水-失水循环后均出现极限应力减小的趋势；其中岩样一、岩样二、岩样五对水的敏感性较小，经历饱水-失水循环 15 次后，单轴抗压强度仍为自然状态下的 80%～90%；岩样三、岩样四对水的敏感性较大，岩样三遇水软化性最为明显，循环 15 次后的单轴抗压强度下降至 17.53MPa，仅为自然状态下的 55.4%。

3）对水岩作用明显的岩样三和岩样四进行不同风化时间的单轴压缩试验，发现随风化时间的增加，岩样三和岩样四的单轴抗压强度均呈现减小趋势，风化 90d

后，两种岩石的单轴抗压强度减小为其自然状态下的 60%。

4）对五种岩样进行不同围压、不同饱水-失水循环次数下的三轴压缩试验，根据试验数据画出岩样的莫尔应力圆，求得各种岩样的 C、φ 值；发现随着围压的增大，岩石的极限抗压强度和应变都有所增加；随着饱水-失水循环次数的增加，岩石的极限抗压强度随之减小。

5）通过分析典型岩石单轴抗压强度试验、劈裂抗拉强度试验和三轴压缩试验所得数据，揭示了岩石的泊松比、弹性模量、抗压强度、抗拉强度、黏聚力和内摩擦角与岩石饱水-失水循环次数的关系。

4 水岩作用下岩石细观损伤特性

岩石宏观强度的劣化归根结底为岩石内部结构的损伤，如原生孔隙、裂隙扩展，次生孔隙、裂隙发育。研究循环侵水-失水作用下岩石细观结构变化能够从根本上探究岩石强度损伤机理。根据数字图像处理技术，通过对岩石细观试验结果进行阈值分割、缺陷识别等处理，实现岩石细观结构的定量分析。通过岩石电子探针、SEM、CT 扫描等手段，研究循环水岩作用下岩石矿物组分、孔隙扩展与发育等内部结构变化，实现对岩石细观结构损伤的定性分析。

4.1 岩石电子探针试验

本书研究中，岩石电子探针试验仪器采用 JXA-8230 电子探针显微分析仪，如图 4.1 所示。电子探针能够实现岩石物相鉴定，确定蚀变岩组成相和各组成相含量，并得到相对应的特征谱，主要包括定性相分析和定量相分析。

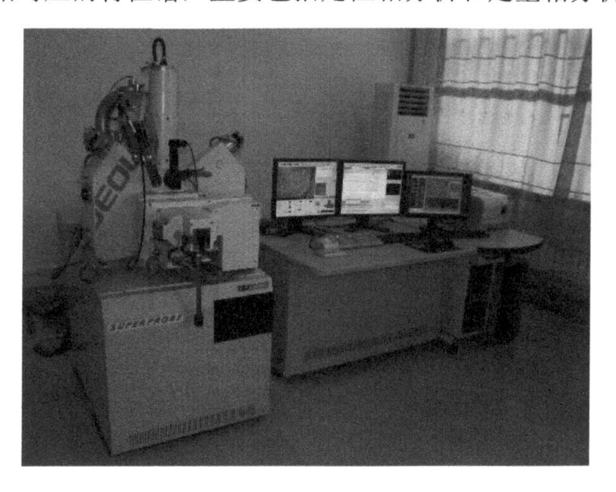

图 4.1 JXA-8230 电子探针显微分析仪

对循环侵水-失水作用下边坡岩石试件进行电子探针试验，试验结果如图 4.2、图 4.3 所示。根据岩样三电子探针试验结果，可以得到岩样三主要组成元素为 O、Si、Al、K 等，还包括少量的 Na、Cu、Fe 等元素。

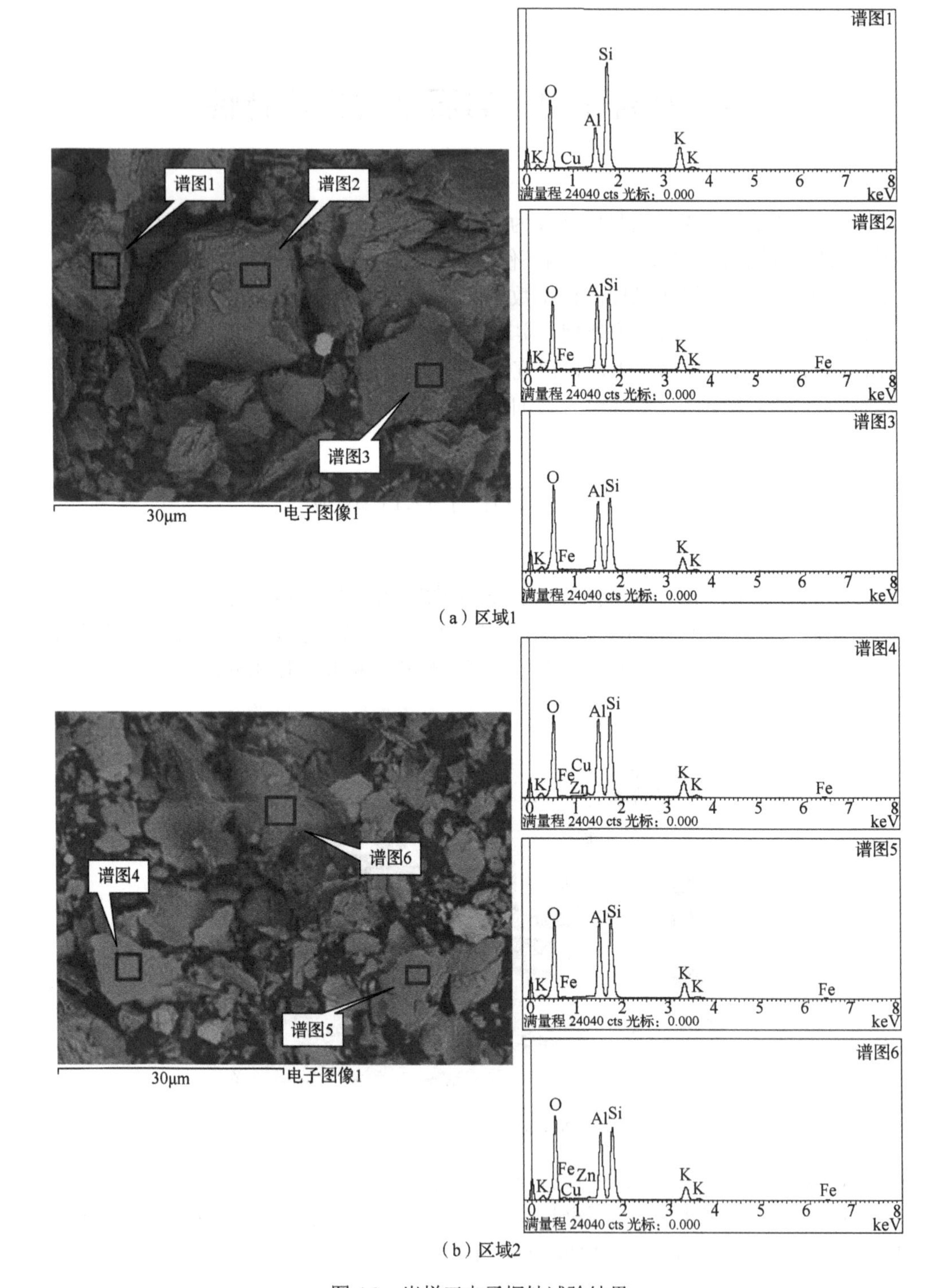

（a）区域1

（b）区域2

图 4.2　岩样三电子探针试验结果

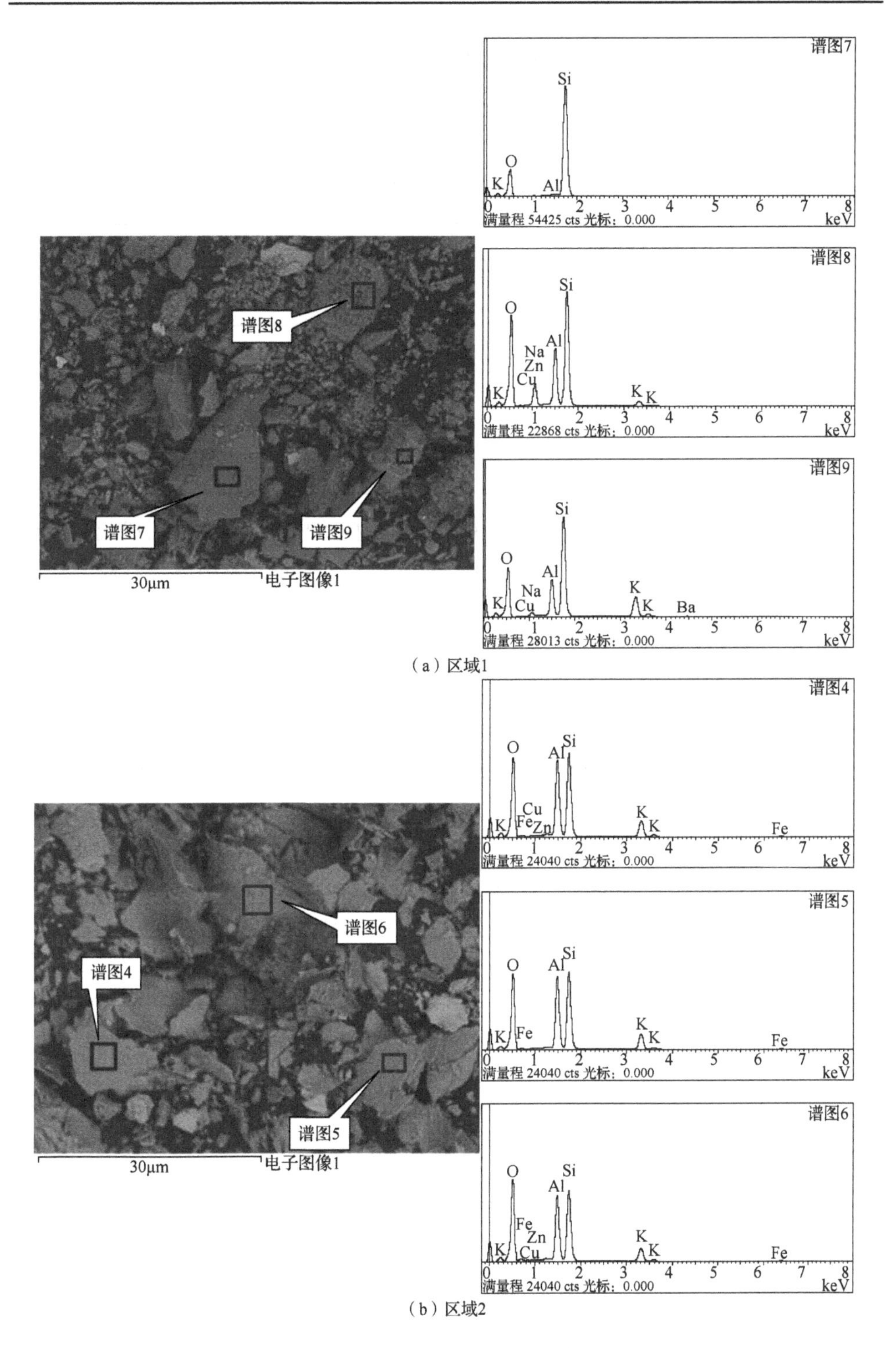

（a）区域1

（b）区域2

图 4.3　岩样四电子探针试验结果

综合两个不同区域六个不同位置的岩样三的电子探针试验结果，可知各种组成元素的含量如表 4.1 所示。根据表 4.1 可知岩样三的主要组成物质为 SiO_2、Al_2O_3、钾长石（$K_2O·Al_2O_3·6SiO_2$）等。

表 4.1　岩样三各种组成元素的含量

元素	主要组成物质	质量分数/%	原子百分数/%
O	SiO_2	52.08	66.77
Al	Al_2O_3	15.11	11.48
Si	SiO_2	22.98	16.80
K	钾长石（$K_2O·Al_2O_3·6SiO_2$）	8.47	4.45
Cu	Cu	0.03	0.01
Fe	Fe	1.30	0.47
Zn	Zn	0.07	0.02

岩样四电子探针试验结果如图 4.3 所示。由图可知，岩样四主要组成元素为 O、Si、Al、K 等，还包括少量的 Na、Cu、Fe 等元素，基本元素组成与岩样三一致。

综合两个不同区域六个不同位置的岩样四的电子探针试验结果，可知各种组成元素的含量如表 4.2 所示。根据表 4.2 可知岩样四的主要组成物质为 SiO_2、Al_2O_3、钾长石（$K_2O·Al_2O_3·6SiO_2$）及钠长石（Albite）等。

表 4.2　岩样四各种组成元素的含量

元素	主要组成物质	质量分数/%	原子百分数/%
O	SiO_2	47.62	61.83
Al	Al_2O_3	6.73	5.21
Si	SiO_2	39.72	29.49
K	钾长石（$K_2O·Al_2O_3·6SiO_2$）	4.09	2.22
Cu	Cu	0.11	0.04
Fe	Fe	0.17	0.06
Zn	Zn	0.28	0.11
Na	钠长石（Albite）	0.93	0.82
Ba	氟化钡（BaF_2）	0.12	0.018

根据表 4.1 与表 4.2 得到岩样三与岩样四各基本组成元素的对比结果，如图 4.4 所示。由图 4.4 可知，岩样四组成元素种类多于岩样三；从主要基本组成元素分析，岩样三中的 SiO_2 含量明显低于岩样四，岩样三中的 Al_2O_3 含量明显高于岩样四。根据电子探针试验结果，基于矿坑边坡地质勘查资料，得到两种岩石均为蚀变作用花岗岩，岩体内部裂隙发育多呈松散块状，并且易风化。

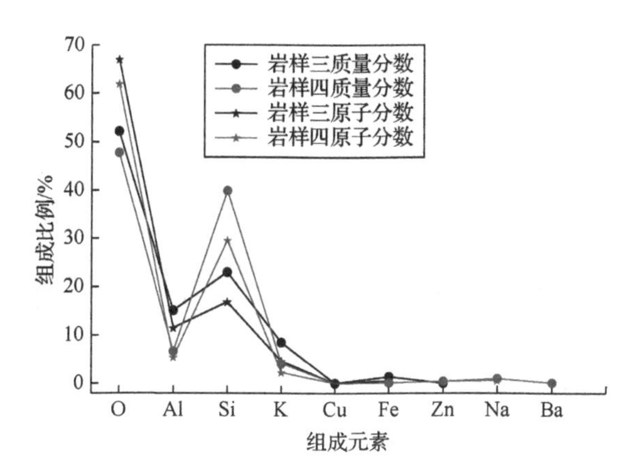

图 4.4　岩样三与岩样四各基本组成元素组成比例的对比结果

4.2　岩石扫描电子显微镜试验

本书研究中，岩石扫描电子显微镜试验仪器采用 Nova NanoSEM 450 型高分辨扫描电子显微镜，如图 4.5 所示。该设备具有超高分辨率，能做各种固态样品表面形貌的二次电子像，能够综合分析岩石表面表征。

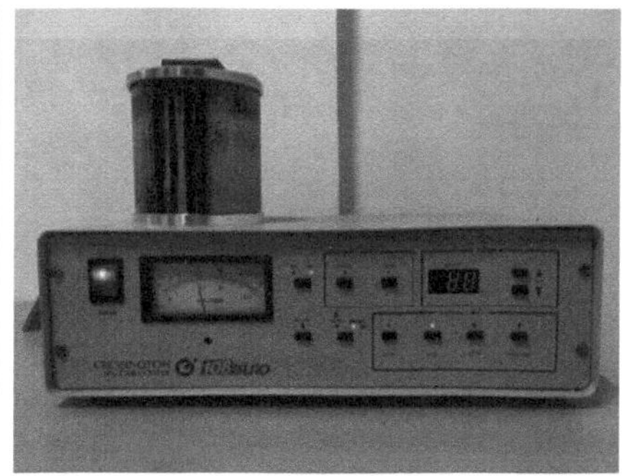

图 4.5　Nova NanoSEM 450 型高分辨扫描电子显微镜

利用高分辨扫描电子显微镜可实现对循环侵水-失水作用下岩石细观孔隙特征的变化分析。试验中放大倍数为 500 倍。试验结果如图 4.6、图 4.7 所示。

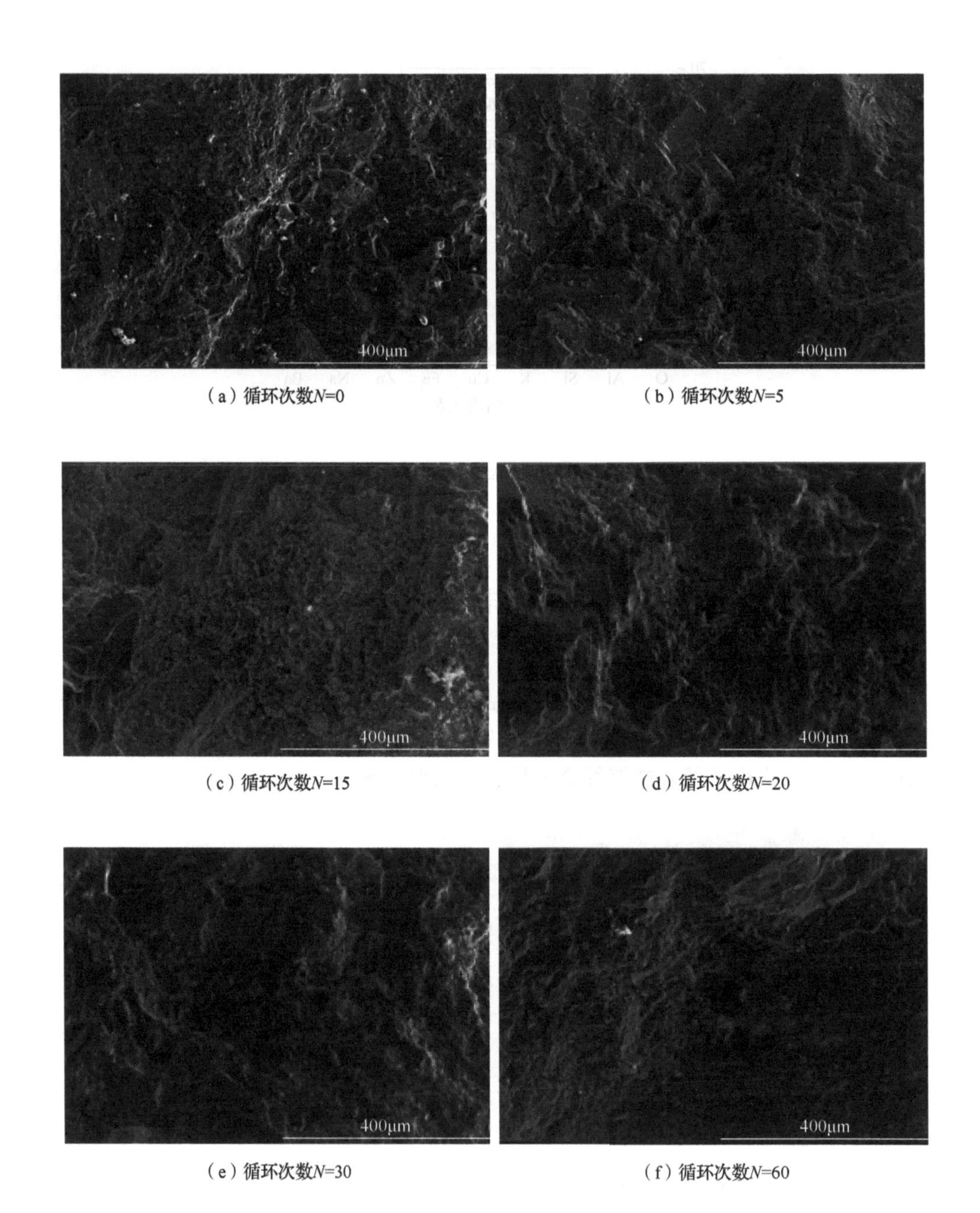

（a）循环次数N=0　（b）循环次数N=5

（c）循环次数N=15　（d）循环次数N=20

（e）循环次数N=30　（f）循环次数N=60

图 4.6　岩样三 SEM 结果

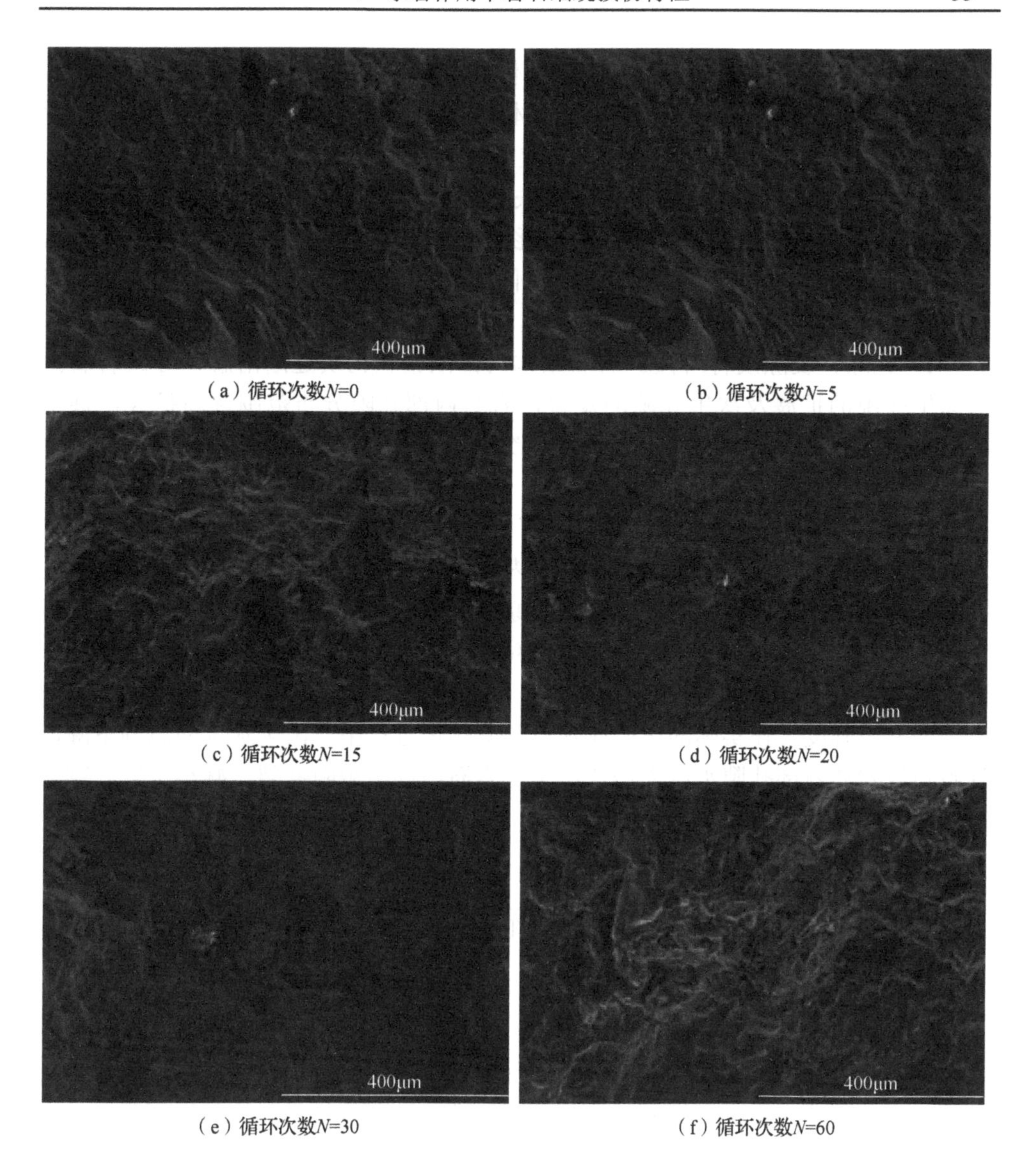

（a）循环次数N=0　　（b）循环次数N=5

（c）循环次数N=15　　（d）循环次数N=20

（e）循环次数N=30　　（f）循环次数N=60

图 4.7　岩样四 SEM 结果

根据 SEM 试验结果，可知循环侵水-失水作用对岩石内部结构的影响主要包括以下四个阶段。

1）整体均匀致密阶段。不考虑岩石的初始损伤，未经历循环侵水-失水作用，岩石观测表面较均匀致密，岩石颗粒排列紧密，未出现肉眼可见的孔隙及裂隙，整体结构完整，岩石强度较高，如图 4.6（a）、（b）和图 4.7（a）、（b）所示。

2）原生孔隙扩展阶段。岩石受到循环侵水-失水作用影响，岩体内部原始黏结强度较弱的颗粒出现脱落，出现尺寸较小的孔隙，岩石表面出现片状或块状岩体。

随着循环侵水-失水次数增加，脱落的岩体随水流排出，岩体局部出现明显的孔隙，但只是局限于岩体局部区域，还未对岩体的整体结构产生影响，如图 4.6（c）和图 4.7（c）所示。

3）多孔团絮状阶段。当循环侵水-失水次数达到 20 次以上时，岩体内部可溶性盐类溶解，出现大量细小孔隙，孔隙形状呈圆形且尺寸较小，导致整体均匀结构分割，并出现大面积团絮状物质，整体结构多孔疏松，如图 4.6（d）、（e）和图 4.7（d）、（e）所示。

4）孔隙、裂隙发育阶段。岩石结构内部团絮状物质逐渐溶解，导致岩石内部原生孔隙的扩展及次生孔隙的发育，岩石内部孔隙分布范围逐渐扩大，甚至出现明显的裂纹，岩石强度可能会出现突变性降低，如图 4.6（f）和图 4.7（f）所示。

基于不同循环侵水-失水作用下岩石 SEM 试验结果，可知循环侵水-失水作用对岩石的内部结构产生影响，导致岩石内部原生孔隙的扩展、贯通，并引起次生孔隙的发育，这是岩石强度丧失的本质原因。水力入侵对岩石颗粒之间产生润滑作用，减小颗粒之间的摩擦力，促使颗粒之间黏结力较弱的岩石颗粒产生移动；同时，由于岩石内部可溶性盐类的溶解，导致内部孔隙发展甚至贯通，从而影响岩石的宏观强度。在实际的尾矿库水位升降循环过程中，由于水位的急剧下降，导致边坡岩体内部孔隙水压力增加，引起岩石内部微裂隙劈裂，减小了岩石颗粒之间的黏结力。

4.3 岩石 CT 试验

岩石是一种具有复杂结构的非均质、多相和多层次的复合材料，其由一种或多种矿物组成。不同矿物的水化机理不尽相同，特别是多次循环侵水会引起这种差异性进一步增大；加之岩石的原生裂隙、孔隙、初始损伤和构造层理不同，会引起岩石在循环侵水作用下矿物质性质改变、裂隙发育、孔隙变化等，导致岩石损伤。这种变化是复杂而无序的，难以通过肉眼准确识别，因此必须借助一定的工具和合适的方法进行细观研究。

在对岩石的细观研究中，获取岩石的细观图像，分析图像性质和细观特征是主要的研究手段。CT 技术是当下最为先进的无损识别技术，它能够在不损坏岩样的前提下获得细观图像。循环侵水作用下岩石内部各组分的分布、结构会发生变化。通过 CT 技术可以获得真实的细观维度的变化，为研究水岩作用下岩石细观损坏特性提供了影像资料。

4.3.1　CT 技术原理

CT 技术始于 20 世纪 70 年代初，其基本原理是运用 X 射线对物体穿透力的差异而产生的投影数据，结合现代计算机技术、数字图像技术对投影数据进行计算处理，便可得到物体扫描截面的二维图像。CT 技术能够无损连续快速扫描，实现对物体内部细观结构的观测，具有分辨率高、易于观察的优点。CT 无损检测方法及其技术目前应用非常广泛，几乎遍及各个学科领域。

CT 无损检测技术的数学基础及原理如下：

$$I = I_0 e^{-\mu x} = I_0 e^{-\mu_m \rho x} = \int I_0(E) e^{\int_0^d \mu(E) ds} dE \tag{4.1}$$

式中，I——X 射线穿透被检测物质之后的光强，cd；

I_0——X 射线穿透被检测物质之前的光强，cd；

μ_m——被检测物质的单位质量吸收系数，cm^2/g；

ρ——被检测物质的密度，g/cm^3；

μ——被检测物质对 X 射线的单位体积吸收系数；

x——X 射线穿透长度，cm；

s——X 射线穿过物质的厚度，cm；

E——能量，eV。

一般而言，被检测物体的单位质量吸收系数与放射源所发出射线的波长相关，若 X 射线一定时，其波长也是固定不变的，因此，可以将单位质量的吸收系数以及被测物质的密度合并在一起，即为单位体积吸收系数。

$$\mu = \mu_m \rho \tag{4.2}$$

在扫描过程中，投影值 P 用来记录和表达 X 射线初始强度值以及 X 射线穿过被测物体后的衰减强度值间的关系，以便计算 X 射线的衰减信息。投影值 P 按式（4.3）进行计算：

$$P = \ln\frac{I_0}{I_m} = \mu_m \rho X = \sum_{i=1}^{n} a_{mi} X_i \tag{4.3}$$

式中，I_m——第 m 条射线路径上的 X 射线强度；

X_i——X 射线路径的每段间隔；

a_{mi}——第 m 条射线路径与像素 i 相交的长度；

n——像素个数。

通过 CT 设备的扫描与探测，可得到被检测物体的 X 射线投影图像，这种图像必须经过计算机的处理重建才能转化为可视的图像。现代计算机数字图像有多种格式，本书选取灰度图作为输出目标图像。在灰度图中共有 0～255 个级别，被检测物体不同的密度会表现为不同的灰度，其中灰度最小值 0 在图像中显示为黑色，表示被检测物体的密度最小；灰度值 255 为最大灰度，在图像中显示为白色，表示被检测物体的密度最大。

CT 设备工作时，首先将 X 射线转换成电信号，再由模拟/数字转换器转换为计算机系统可处理的信号，由计算机处理。信号通过计算机处理、计算后可得到每个元素对 X 射线的吸收系数。得到的吸收系数被排列成数字矩阵。再经数字/模拟转换器将这些数字矩阵中每个位置上的元素转换成亮度由黑到白逐渐递减的、灰度不同的小块，称之为像素。将这些灰度不同的小块按矩阵排列，最后得到 CT 图像。CT 工作流程如图 4.8 所示。

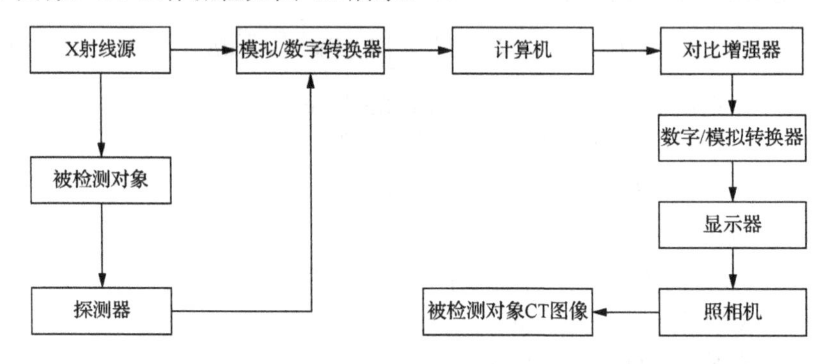

图 4.8　CT 工作流程图

4.3.2　CT 试验设备简介

本试验所使用的试验设备为山东省矿山灾害预防控制重点实验室——省部共建国家重点实验室培育基地研制的跨尺度岩芯扫描成像系统。

跨尺度岩芯扫描成像系统由 X 射线源、X 射线成像探测器、精密样品台、图像采集系统、三维图像重构和处理系统等组成，是具有超高分辨率的无损伤三维全息显微成像设备。该系统采用独特的 X 射线光学显微成像技术，利用不同角度的 X 射线透视图像，结合计算机三维重构技术，提供样品内部复杂结构的高分辨率三维数字图像，对样品内部的微观结构进行亚微米尺度上的数字化三维表征，以及对构成样品的物质属性进行分析，可以无损实时地观察岩石材料微细观力学性质及结构演化过程，同时也能实现对岩石材料内部断裂演化过程及裂纹传播特征的宏观记录。

设备技术特色如下。

1）采用非传统成像放大技术实现高分辨率显微成像。

2）精密四维样品台提供亚微米样品自动定位和扫描。

3）具有多种扫描模式和重构算法，支持样品二维透视成像、圆轨迹锥束三维测试、样品局部三维成像、有限角锥束三维成像。

4）独特的数据与校正方法，可有效消除透视图像的非一致性、重构 CT 图像中的环状伪影。

5）系统标定简单，可自动获取扫描系统中射线源焦点、探测器、样品转台之间的所有几何位置参数，精确重构三维 CT 图像。

6）先进的软件开发理念，支持特殊应用软件的二次开发。

4.3.3 水岩作用下岩石 CT 图像处理技术

1. 图像多阈值分割技术原理

在数字图像中，不同物质表现为不同的灰度，而在两种物质的边界和边缘位置，灰度无疑会发生突变，计算机利用这种突变对数字图像进行处理识别，将图像边界连接，最终实现图像分割。常用的数字图像分割方法有阈值法、区域法、边界法、边缘法等。数字图像阈值法具有高效、快速、准确的优点，得到广泛应用。本书采用数字图像阈值法分割技术研究循环侵水岩石细观损坏特性。

岩石往往是由多种矿物组成的，并且由结构面贯穿其中的多相物质。本书 CT 试验用到的岩石的主要成分为花岗岩，其由石英、云母、长石、高密度结核等组成，还包括孔隙裂隙。若将每种组成成分加以区分，会增加工作难度，对于岩土工程的研究也是没有现实意义的。从岩土工程研究角度出发，认为影响岩石力学强度的主要因素是结构体和结构面，即岩基和孔隙裂隙，加之本次研究的花岗岩内部存在较多的高密度矿物结核，因此可以将本试验的岩样等效为由岩基、孔隙裂隙、高密度结核三部分组成的物质。

灰度图像的多阈值分割技术就是确定一个或多个位于 0～255 范围内的分割阈值的灰度值。本试验用到两个阈值，即 m、n（$m<n$），将灰度图分割为三部分。图像中灰度值小于 m 的划分为一类，大于 n 的划分为另一类，介于 m 和 n 之间的划分为第三类，结合本文岩石图像，具体划分原理如图 4.9 所示。

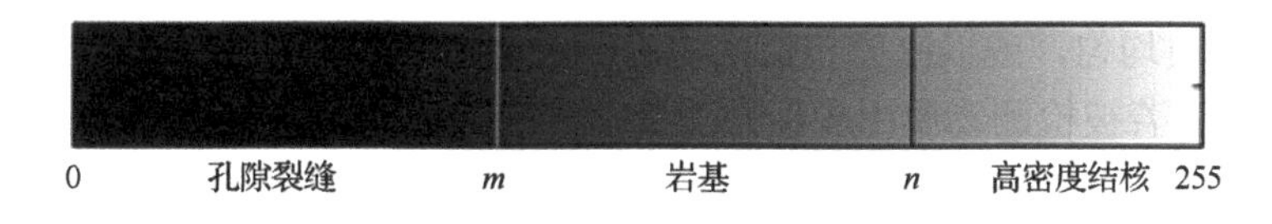

图 4.9 二阈值划分原理

2. 循环侵水岩石 CT 图像多阈值分割方法

灰度图是用 0～255 之间的数字表示每个像素的不同的灰度，采用数理统计直方图的形式对每个灰度级出现的次数进行统计，这就是灰度分布直方图。它能反映数字图像中每个灰度值出现的频数，进而计算出其概率。图像灰度分布直方图的横坐标是灰度级，范围是 0～255；纵坐标是每个灰度级出现的频率。结合概率论等相关理论知识，每个灰度级出现的频率可以看作是其出现的概率。因此，灰度直方图就对应于概率密度函数，密度函数的积分形式即为分布函数。灰度直方图的数学描述可以表示为式（4.4）：

$$p_{\mathrm{r}}(r_h)=\frac{n_h}{n},\quad h=0,1,2,\cdots,L-1 \tag{4.4}$$

式中，n——图像的总像素；

n_h——第 h 级灰度的像素数；

r_h——第 h 个灰度等级；

$p_{\mathrm{r}}(r_h)$——该灰度出现的相对频率；

L——灰度等级最大值。

岩石内不同组分具有不同的分布和密度，岩基、高密度结核的密度是不相同的，孔隙裂隙的密度即为空气的密度。根据 CT 试验原理，不同物质对 X 射线的吸收程度不同，再经过计算机处理后输出灰度图像，因此岩石中各组分对应于不同的灰度级别，不同的灰度级别既表示不同的组分，也表示不同的密度。因此在灰度图中，不同的灰度区间对应于不同的物质组分。岩石的循环侵水会引起这些组分细观维度的变化、孔隙裂隙的产生和发育，从而使细观结构发生变化；宏观维度上则表现为岩石力学性质的变化。岩石力学理论认为，岩石的强度不仅和岩石本身的密度相关，还和孔隙裂隙的分布有关系，密度高的、完整性好的岩石力学强度往往较高，而密度低、孔隙裂隙发育的岩石强度较低。灰度直方图技术能够将图像的灰度分布情况直观地展现出来，对于研究循环侵水岩石的损伤和细观结构变化具有重要的意义。

3. 图像边缘检测原理

数字图像的边缘检测是图像分割、目标区域识别、区域形状提取等图像分析领域的主要基础。在 CT 图像中，被观测物体内的物质会显现为不同的灰度值，若被检测物质均匀，或以密度相似的物质组成，则在图像中表现为灰度连续、变化范围较小；若被检测物质由多种物质组成，且密度变化范围较大，在灰度图中会出现灰度值的突变、颜色的突变、纹理结构的突变等。本文研究的循环侵水岩石主要是由岩基、孔隙裂隙、高密度结核组成的，密度变化范围较大，图像出现明显的物质边缘。常见的图像边缘类型可分为阶跃型、房顶型和凸缘型，如图 4.10 所示。

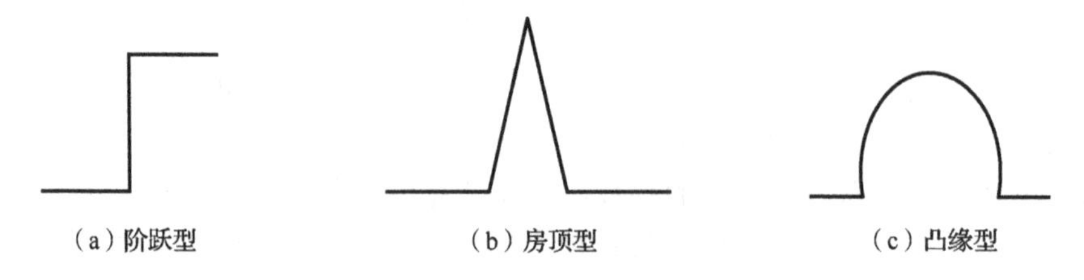

图 4.10　边缘灰度变换类型

图像边缘的特点可概括为：边缘是图像中灰度变化最为剧烈的地方。结合数学原理，可以对图像中每个像素的灰度值进行微分处理来确定图像的边缘。然而，无论是一阶微分还是二阶微分都不具有方向性，难以被广泛使用。图像边缘检测常采用梯度算子进行。梯度算子是一个一阶算子，对一个连续的图像 $f(x,y)$ 在点 (x,y) 的梯度可以表示为一个矢量，G_x、G_y 表示 $f(x,y)$ 沿着 x 方向和 y 方向的梯度，那么梯度可以表示为

$$f(x,y)=\begin{bmatrix}G_x\\G_y\end{bmatrix}=\begin{bmatrix}\dfrac{\partial f(x,y)}{\partial x}\\\dfrac{\partial f(x,y)}{\partial y}\end{bmatrix} \tag{4.5}$$

可以用以下三种范数衡量梯度的幅值：

2 范数梯度：$|f(x,y)|=\sqrt{G_x^2+G_y^2}$

1 范数梯度：$|f(x,y)|=|G_x|+|G_y|$

∞范数梯度：$|f(x,y)|\approx\max(|G_x|,|G_y|)$

梯度方向为函数变化率最大的方向，表达式为

$$a(x,y)=\arctan\frac{G_y}{G_x} \tag{4.6}$$

进行数字图像处理时往往采用离散形式，上述的微分采用差分代替，如式(4.7)、式（4.8）所示。

$$f_x(x,y)=f(x,y)-f(x-1,y) \tag{4.7}$$

$$f_y(x,y)=f(x,y)-f(x,y-1) \tag{4.8}$$

4.4　岩石细观损伤定量分析

循环侵水-失水作用对岩石细观结构产生侵蚀作用，基于数字图像识别技术对岩石进行分形分析，定量分析岩石微观结构的变化规律。首先，通过 MATLAB 软件确定循环侵水-失水作用下岩石 SEM 结果图像阈值分割参数，再通过 FracLab 软件对岩石分形维数进行求解。

4.4.1　图像阈值分割

图像阈值分割参数的确定方法主要包括动态阈值分割法、最大熵阈值分割法，

其中动态阈值分割法包括迭代法及 Ostu 阈值分割法（也称大津法）。

1）迭代法。根据可实现快速收敛的迭代策略，对所选择的初始阈值不断改进，使迭代得到的新阈值优于上一次阈值，直至符合构建的准则为止。

2）Ostu 阈值分割法。通过计算得到数字图像不同区域的类间方差，当分割阈值 T 在图像灰度范围内顺序取值时，分别计算得到类间方差，类间方差值最大时求得分割阈值 T_{best}，即为 Ostu 法的最佳分割阈值。

最大熵阈值分割法。基于信息论中熵值概念与图像阈值分割技术，使分割阈值所得到的数字图像目标区域及背景区域的信息量最大。当熵函数取得最大值时，此时得到的灰度值即为最佳分割阈值。

通过分别采用迭代法、Ostu 阈值分割法及最大熵阈值分割法对不同循环侵水-失水作用下岩石 SEM 结果进行 SEM 数字图像阈值分割，岩样三图像阈值分割结果如图 4.11 所示。

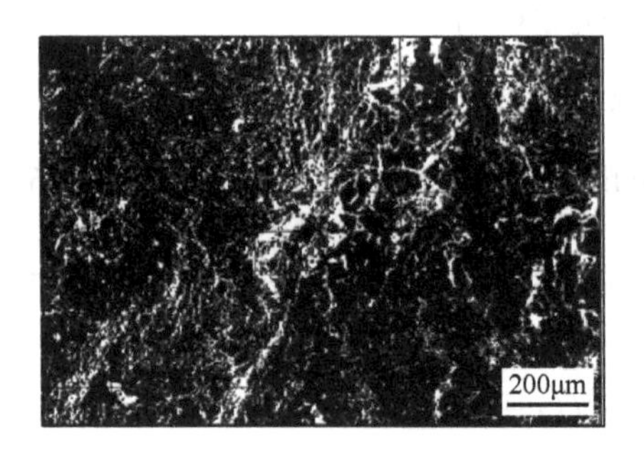

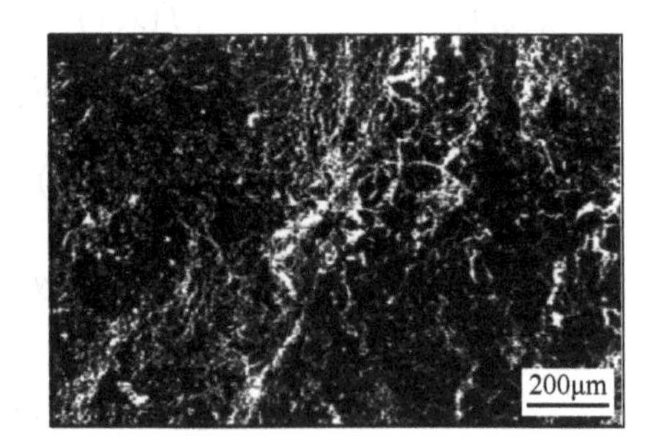

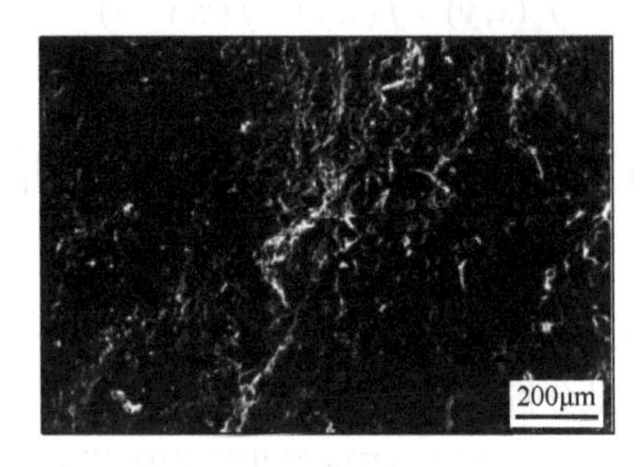

（a）循环次数N=0（分割阈值=107.6）

图 4.11　岩样三图像阈值分割

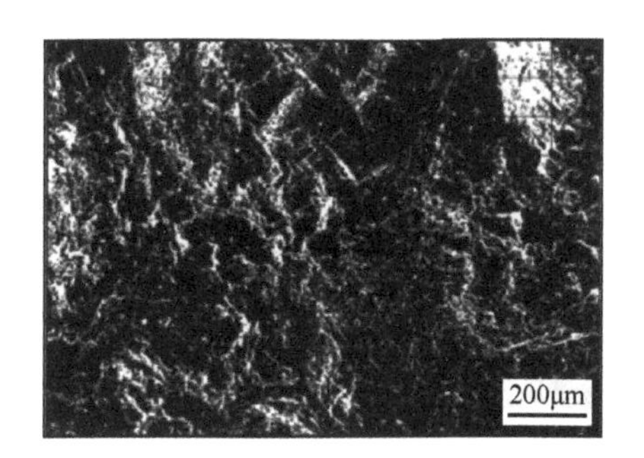

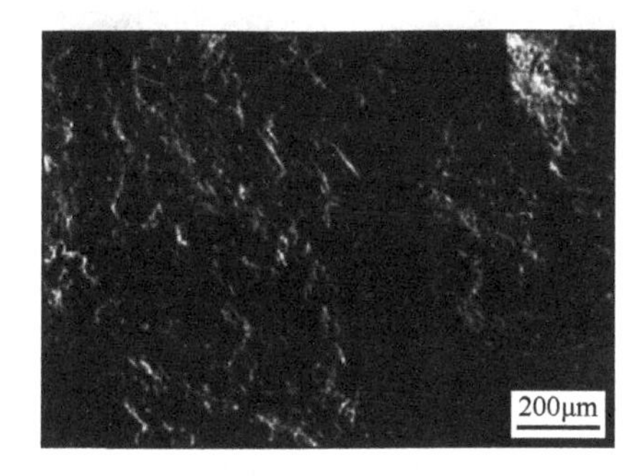

（b）循环次数N=5（分割阈值=112）

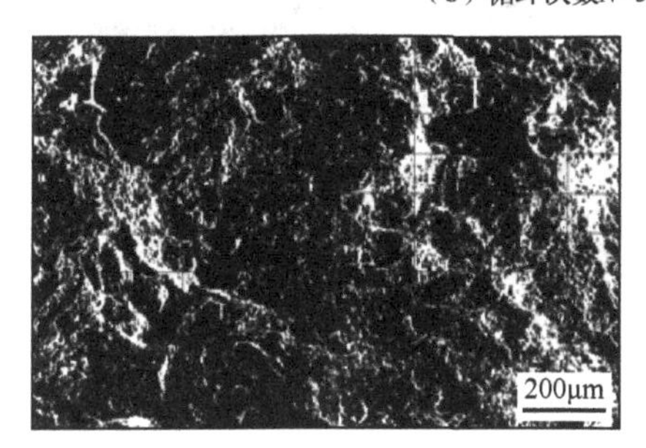

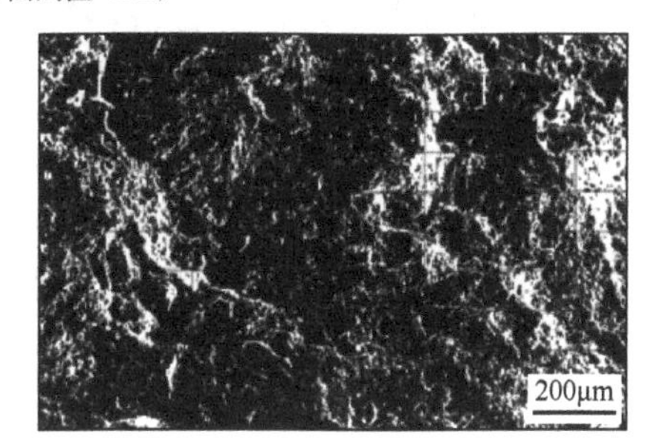

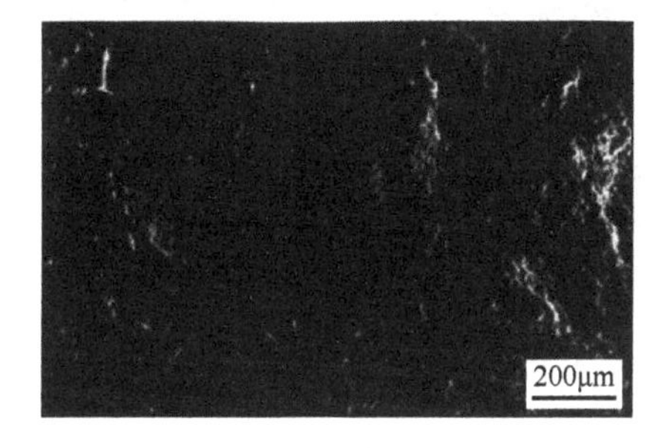

（c）循环次数N=15（分割阈值=91）

图 4.11（续）

（d）循环次数N=20（分割阈值=91）

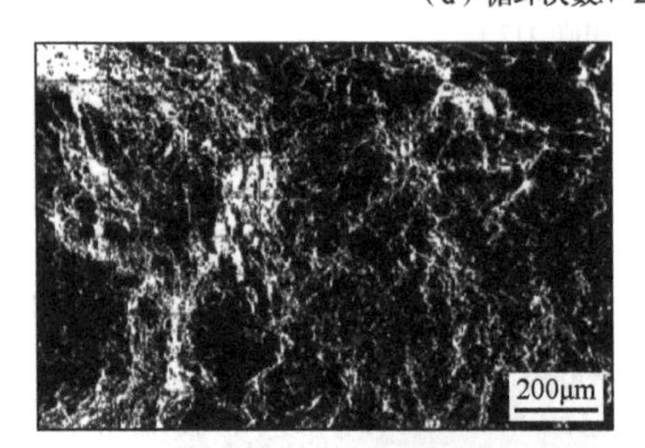

（e）循环次数N=30（分割阈值=91）

图 4.11（续）

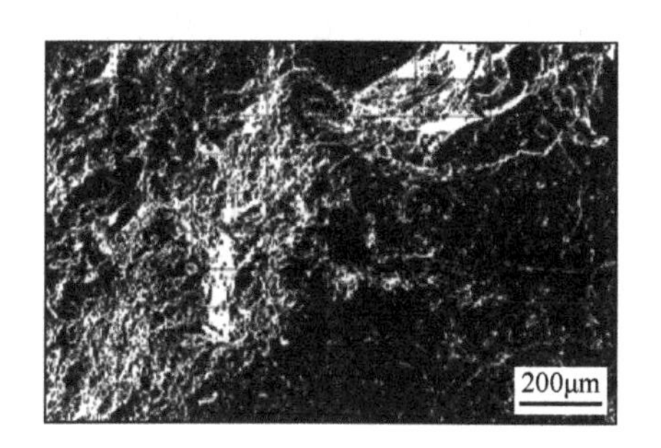

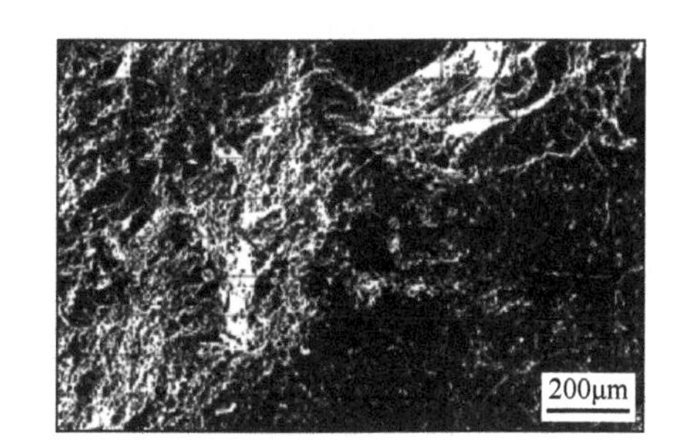

(f) 循环次数N=60（分割阈值=92）

图 4.11（续）

根据图像阈值分割结果，结合图 4.11 图像分割阈值变化可以得到，动态阈值分割法对不同循环侵水-失水作用下 SEM 结果具有良好的适应性，但是最大熵阈值分割法适应性较差。因此，采用迭代法与 Ostu 阈值分割法，对不同循环侵水-失水作用下 SEM 图像进行分割。

4.4.2 岩石分形维数概述

岩石材料宏观断裂破坏与岩石内部孔隙、裂隙发育存在密切联系，通过建立岩石损伤演化方程来描述强度弱化特征。岩石损伤模型主要包括宏观强度、细观结构及微观尺度三种。宏观强度主要包括力学强度弱化，根据连续介质损伤力学理论，通常将损伤变量定义为损伤前后弹性模量变化；细观结构主要是通过 SEM、CT 技术等手段对岩石内部缺陷（如孔隙、裂隙等）识别，并根据统计自相似性原理，建立岩石损伤变量及损伤演化方程；微观尺度为通过对岩石原子结构进行研究，根据量子统计力学反演宏观强度损伤。

由于岩石材料微缺陷、孔隙、裂隙等为随机分布，并且具有较强的自相似性，根据分形损伤力学理论，通过识别损伤岩石内部细观结构变化，得到其分形维数，用来刻画岩石表面不规则及混沌程度。分形维数提供一种描述岩石损伤的定量指标，分形维数越大，意味着岩石内部原生孔隙、裂隙扩展，次生裂隙发育演化，岩石损伤加剧。因此，本文基于分形损伤力学理论，通过分析 SEM 结果，引入分形维数，定义循环侵水-失水作用下岩石损伤变量，区别于传统连续介质损伤力学中弹性模量定义的损伤变量，从细观角度分析循环侵水-失水作用对岩石损伤的影响，并建立损伤演化方程。

分形维数采用盒维数法（box-dimension method），也称为覆盖法，采用边长为 $\delta\times\delta$ 的正方形去覆盖 SEM 结果图，并且覆盖过程中正方形格子边长不断变化。假设在第 j 步为 $\delta_j\times\delta_j$ 的正方形，则完全覆盖图像所需要盒子数目为 $N(\delta_j)$，假设在第 j+1 步为 $\delta_{j+1}\times\delta_{j+1}$ 的正方形，则完全覆盖图像所需要盒子数目为 $N(\delta_{j+1})$。损伤区域分形维数估计如图 4.12 所示，图 4.12（a）为覆盖损伤区域网格，图 4.12（b）为覆盖区域缺陷数目，图 4.12（c）为缺陷数目分布三维直方图。

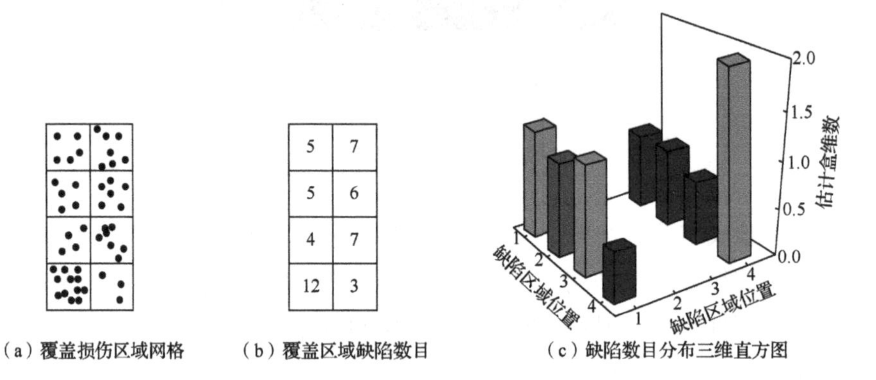

（a）覆盖损伤区域网格　（b）覆盖区域缺陷数目　（c）缺陷数目分布三维直方图

图 4.12　损伤区域分形维数估计

盒子数目之比与覆盖尺度之比的关系如式（4.9）所示。

$$\frac{N_{j+1}}{N_j}=\left(\frac{\delta_j}{\delta_{j+1}}\right)^D \Rightarrow N_{j+1}=N_j\delta_j^D(\delta_{j+1})^{-D} \tag{4.9}$$

式中，D——分形维数。

对式（4.9）两边取对数可以得到

$$D=\ln\left(\frac{N_{j+1}}{N_j}\right)\bigg/\ln\left(\frac{\delta_j}{\delta_{j+1}}\right) \tag{4.10}$$

利用 FracLab 软件求得两种岩样（岩样三和岩样四）的 SEM 结果分形维数，如图 4.13 和图 4.14 所示。

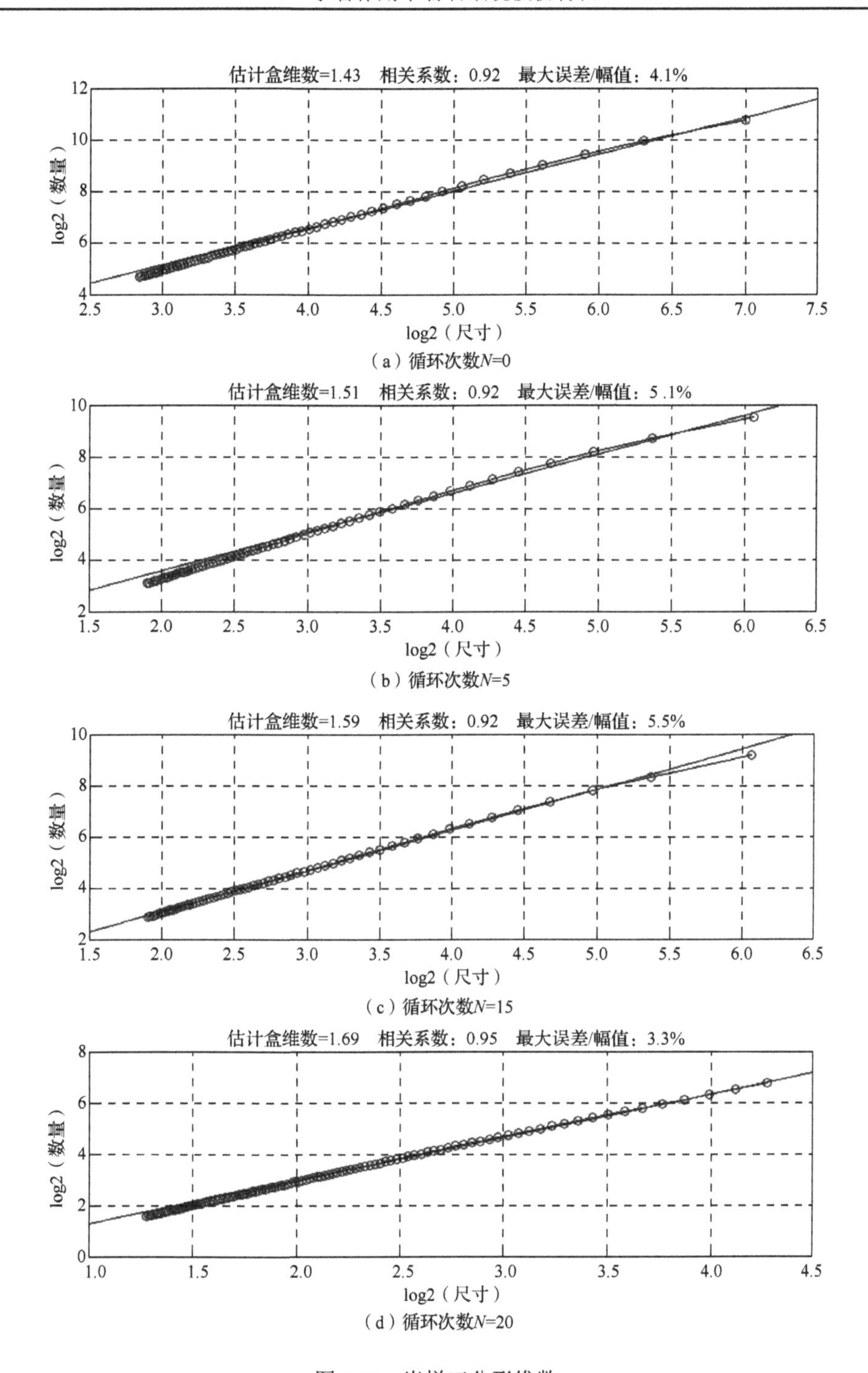

（a）循环次数N=0

（b）循环次数N=5

（c）循环次数N=15

（d）循环次数N=20

图 4.13　岩样三分形维数

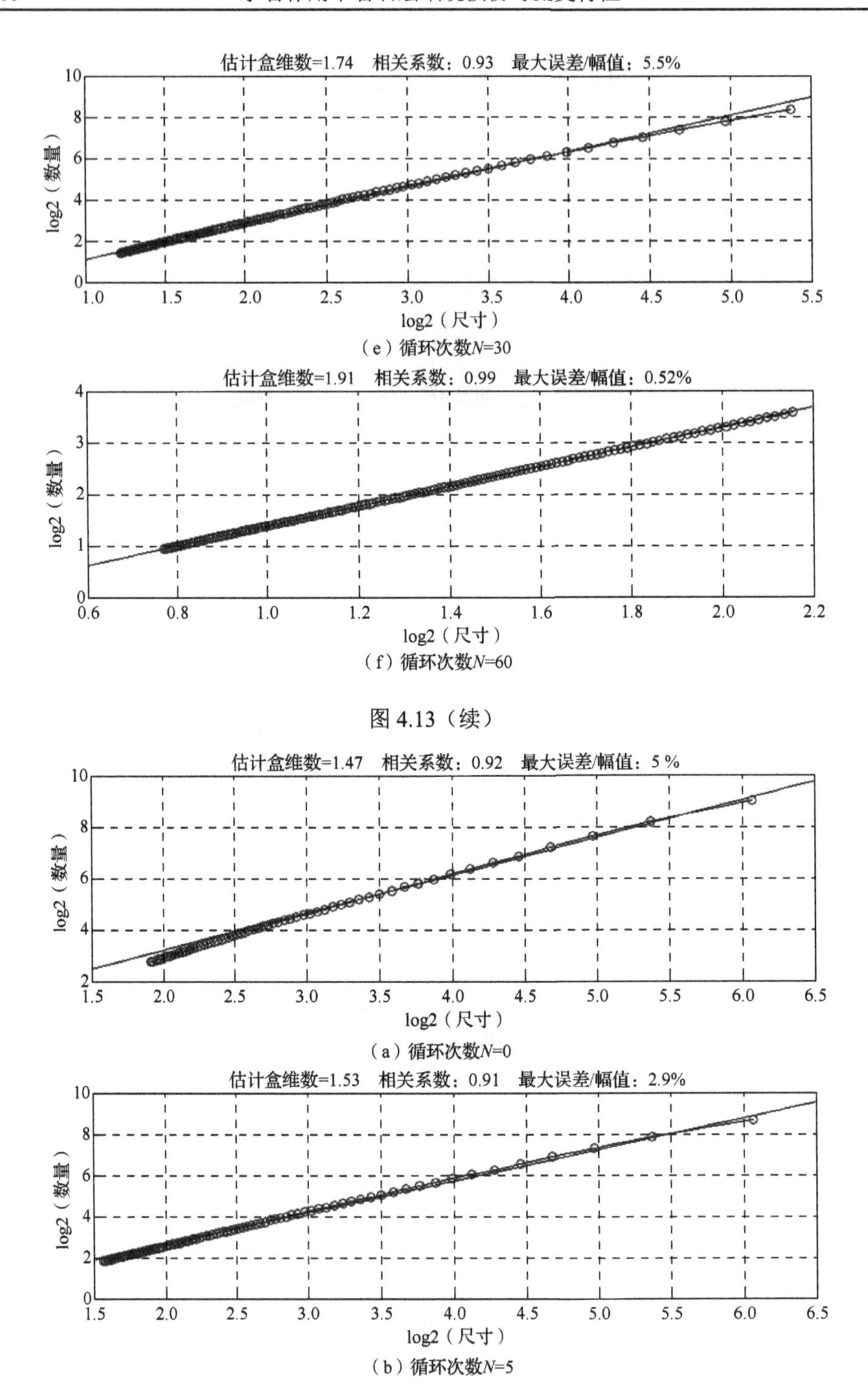

（e）循环次数N=30

（f）循环次数N=60

图 4.13（续）

（a）循环次数N=0

（b）循环次数N=5

图 4.14　岩样四分形维数

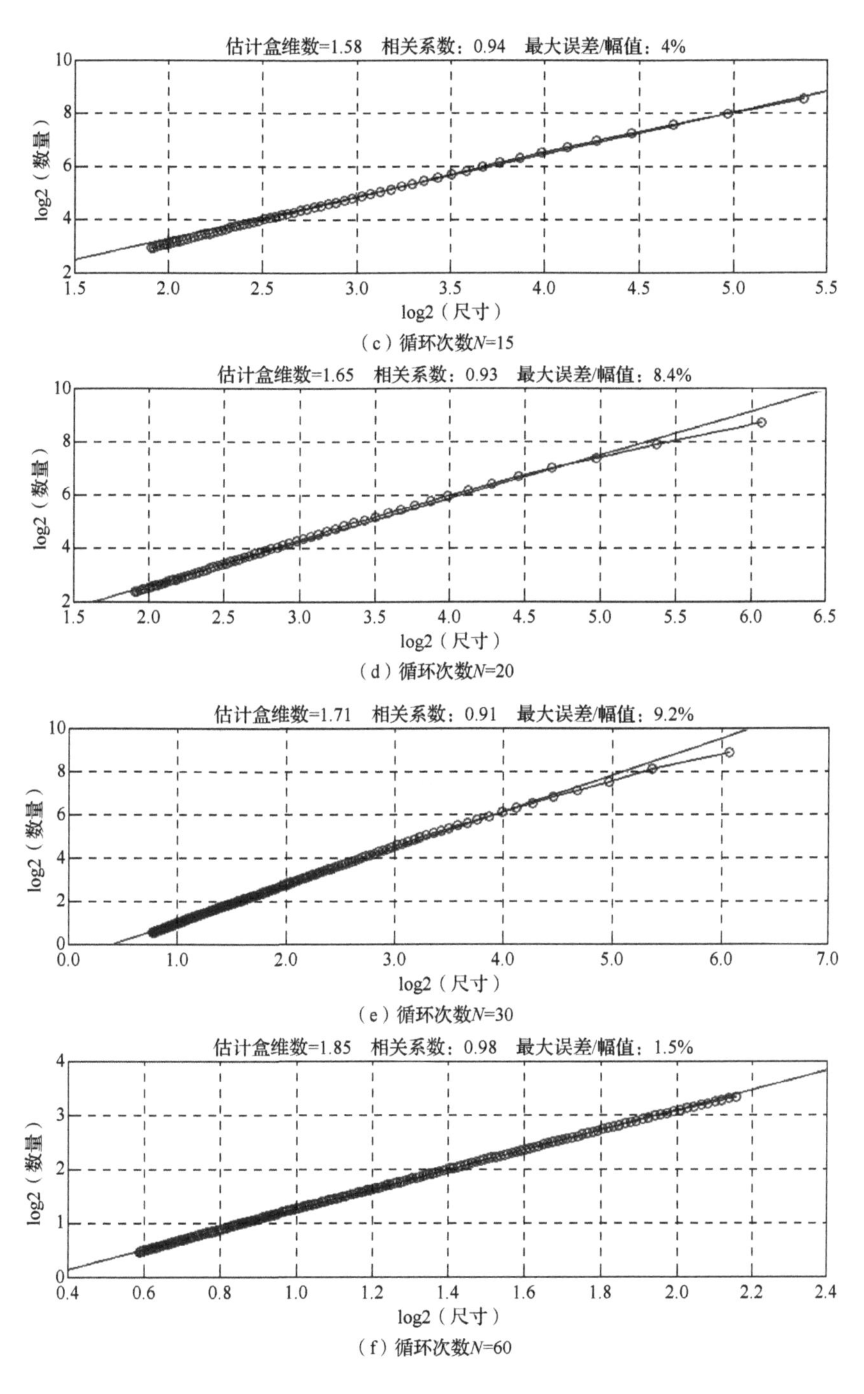

（c）循环次数N=15

（d）循环次数N=20

（e）循环次数N=30

（f）循环次数N=60

图 4.14（续）

4.4.3　岩石分形维数与损伤演化方程

根据分形损伤岩石力学理论，利用分形维数定义循环侵水-失水作用下岩石损伤变量 D_F，定量描述循环侵水-失水作用对岩石损伤的影响。损伤变量 D_F 表达式为

$$D_F = \frac{\Delta F_{N0}}{F_0} = \frac{F_N - F_0}{F_0} \tag{4.11}$$

式中：D_F——损伤变量；

ΔF_{N0}——循环侵水-失水 N 次时与自然状态下岩石分形维数之差；

F_N——循环侵水-失水 N 次时岩石分形维数；

F_0——自然状态下岩石分形维数。

本文重点研究循环侵水-失水作用对岩石损伤特性的影响，不考虑岩石初始损伤，即自然状态下岩石损伤变量 $D=0$。

表 4.3 为岩样三和岩样四分形维数及损伤变量。图 4.15 为损伤变量与循环侵水-失水次数的关系。

表 4.3　岩样三和岩样四分形维数及损伤变量

循环次数	岩样三		岩样四	
	分形维数	损伤变量 D_1/%	分形维数	损伤变量 D_2/%
0	1.43	0	1.47	0
5	1.51	5.59	1.53	4.20
15	1.59	11.19	1.58	7.69
20	1.69	18.18	1.65	12.59
30	1.74	21.68	1.71	16.78
60	1.91	33.57	1.85	26.57

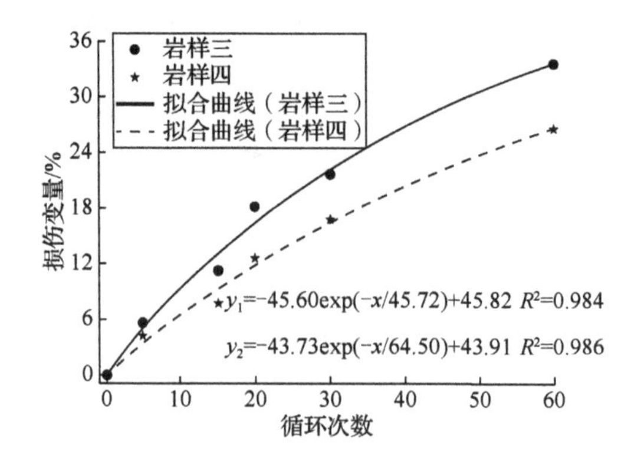

图 4.15　损伤变量与循环侵水-失水次数的关系

由图 4.15 及表 4.3 可知，随着循环侵水-失水作用增强，两种岩样分形维数逐渐增大，根据分形维数定义的岩样损伤变量，定量表征循环侵水-失水作用对岩石细观结构损伤的影响，岩样三损伤变量 D_1 最大值可达 33.57%，岩样四损伤变量 D_2 最大值可达 26.57%，意味着岩石内部原生孔隙、裂隙扩展，次生裂隙发育演化，岩石损伤加剧。

根据图 4.15 可知，损伤变量与循环次数的演化关系符合指数函数变化，即

$$y = A_1 \exp(-N / t_1) + y_0 \tag{4.12}$$

式中，A_1、t_1、y_0——拟合参数；

N——循环侵水-失水次数。

4.4.4 统计损伤变量

基于最弱环原理研究结构疲劳损伤及寿命问题，建立韦布尔（Weibull）分布函数。三参数 Weibull 分布对于有限样本及试验数据具有更好的适应能力，其分布函数及概率密度函数如式（4.13）、式（4.14）所示：

$$F(x) = P(X \leqslant x) = 1 - \exp\left[-\left(\frac{x-\mu}{\lambda}\right)^m\right] \quad x \geqslant \mu \tag{4.13}$$

$$f(x) = \frac{m}{\lambda}\left(\frac{x-\mu}{\lambda}\right)^{m-1} \exp\left[-\left(\frac{x-\mu}{\lambda}\right)^m\right] \quad x \geqslant \mu \tag{4.14}$$

式中，X——随机变量；

x——任意实数；

m——形状参数或形状因子；

λ——尺度参数；

μ——位置参数。

随着形状参数 m 不断变化，概率密度函数曲线形态逐渐发生变化；随着尺度参数 λ 逐渐增大，概率密度函数曲线形态并未发生变化，曲线的初始位置相同，尺度参数 λ 只起缩小和放大横坐标尺度的作用；随着位置参数 μ 逐渐变化，概率密度函数曲线形态未发生任何变化，只是曲线的起始位置在发生变化。根据岩石在流变过程中的受力特点，岩石的加速流变阶段总伴随着岩石的不可逆损伤，即只有在岩石的加速流变阶段才会出现流变损伤。因此，将岩石划分为若干微元体，对于循环侵水-失水作用引起的岩体内部细观结构损伤，假设岩石微元体破坏概率密度符合 Weibull 分布规律，则微元体破坏概率密度为

$$P(N) = \frac{m}{\lambda}\left(\frac{N-\mu}{\lambda}\right)^{m-1} \exp\left[-\left(\frac{N-\mu}{\lambda}\right)^m\right] \quad x \geqslant \mu \tag{4.15}$$

式中，N——微元体破坏数目。

基于上述分析，定义外荷载作用下岩石损伤为发生破坏的微元体数目与微元体总数目的比值，则可以得到损伤变量 D_m 为

$$D_m = \frac{N_f}{N} = \frac{\int_0^t N \cdot P(x)\mathrm{d}x}{N} = 1 - \exp\left(-\left(\frac{t}{n}\right)^m\right) \tag{4.16}$$

式中，t——微元强度的分布变量；

n——尺度因子。

4.5 小　　结

基于岩石 SEM 试验结果，研究循环侵水-失水作用下边坡岩石细观损伤机理，得到循环侵水-失水作用下岩石细观损伤的四个阶段特征；通过数字图像识别软件得到循环侵水-失水作用下岩石分形维数，引入岩石损伤变量，实现循环侵水-失水作用下岩石损伤定性分析与定量表征。

5 水岩作用下流变特性及模型构建

岩石流变是指岩石在恒定的外力持续作用下，应变随时间发展迟缓增长的现象。岩土工程材料都具有流变特性，岩石骨架随时间发展而持续重构，引起岩石应力-应变状态亦随时间不断演化发展。现有研究成果表明：只要施加恒定荷载并且作用的时间足够长，不论恒定荷载高于或低于弹性极限，流变现象都会出现，只是在不同的恒定荷载下，变形随时间增长的流变曲线会有一定的差异。对于岩质边坡工程领域，边坡长期稳定性与边坡岩石流变特性密切相关，因此，研究循环侵水-失水作用下边坡岩石流变特性具有重要工程实践价值。

5.1 岩石三轴流变试验

5.1.1 试验设计

目前，对于岩土体的压缩流变试验，常采用两种不同的加载方式，包括分别加载和分级加载。

1）分别加载。对于同一种岩石不同试件，进行不同应力水平流变试验，从而得到不同应力水平下的流变试验曲线。

2）分级加载。对同一试件逐级施加不同应力，即在某一级应力下试样流变应变达到稳定或者达到给定时间后，再将应力水平提高到下一级。

岩石流变试验仪器采用 RLJW-2000 型岩石伺服三轴、剪切（流变）压力试验机。试验机如图 5.1 所示。压力试验需要在相对稳定的温度、湿度环境内进行，试验温度为 15～25℃，相对湿度为 40%～60%。

图 5.1　三轴流变试验机

5.1.2 试验步骤

采用真空饱和的方法使岩样在试验之前处于饱和状态，调整好轴向及横向位移传感器，缓慢放下三轴压力缸；采用分级加载的方式，加载过程中数据采样频率为 20 次/min，加载后 1h 内的采样频率为 1 次/min，之后为 0.1 次/min，围压的加载速率为 1MPa/min，轴向荷载的加载速率为 2MPa/min，室内温度控制在 25℃。在各级荷载下持续时间不少于 72h 且变形增量小于 0.001mm/24h，即认为施加该级荷载所产生的流变已基本稳定，可以施加下一级荷载。

将不同循环侵水-失水处理的岩样进行三轴压缩流变试验。试验过程中，维持围压为 2MPa，参照相应围压下的常规三轴试验数据，按照三轴抗压强度的 30%、40%、60%、75%、100%施加轴向分级荷载，直至试件破坏。岩样三、岩样四三轴压缩流变试验轴向分级荷载分别如表 5.1、表 5.2 所示。

表 5.1 岩样三三轴压缩流变试验轴向分级荷载 （单位：MPa）

分级荷载等级	循环侵水-失水次数					
	0	5	15	20	30	60
第一级	12.50	10.00	7.50	5.00	3.30	2.20
第二级	16.50	13.20	9.90	6.60	4.20	2.90
第三级	24.60	19.60	14.80	9.80	6.50	4.40
第四级	32.20	25.80	19.30	12.90	8.60	5.50
第五级	42.30	33.80	25.40	16.90	11.30	7.30

表 5.2 岩样四三轴压缩流变试验轴向分级荷载 （单位：MPa）

分级荷载等级	循环侵水-失水次数					
	0	5	15	20	30	60
第一级	15.30	12.20	9.20	6.10	4.00	3.20
第二级	23.20	18.60	13.90	9.30	6.20	4.30
第三级	34.20	27.40	20.50	13.70	9.10	6.50
第四级	45.60	36.50	27.30	18.20	12.10	8.10
第五级	57.10	45.70	34.30	22.80	15.20	10.80

根据表 5.1、表 5.2 所示的两种岩石三轴压缩流变试验轴向分级荷载进行加载，得到岩石试件处于 2MPa 围压条件下的三轴压缩流变试验数据，以此绘制出自然状态条件下岩样三及岩样四轴向流变曲线，如图 5.2 所示。

根据图 5.2 可以得到：自然状态下岩样轴向流变曲线呈现出明显的三个流变

特征阶段，分别为衰减流变阶段、稳定流变阶段及加速流变阶段；并且在前四级轴向荷载作用下，只出现瞬时流变阶段和稳定流变阶段，未出现加速流变阶段；同时，在不同轴向应力水平作用下，瞬时流变阶段曲线斜率逐渐减小，意味着瞬时流变速率随着时间的增长快速减小，直至减小为零，岩石稳定流变阶段近似呈现直线变化。在第四级轴向荷载作用下，稳定流变阶段速率较大，流变曲线不再是近水平直线。在第五级轴向荷载作用下，两种岩石均出现加速流变速率阶段，该阶段应变-时间曲线斜率迅速增大，岩石试件发生流变破坏。在该阶段，由于应力达到破坏应力水平，岩石试件迅速发生破坏，时间非常短暂，所以对于此阶段的流变速率，应给予足够的重视和关注，在边坡工程中一旦出现加速流变阶段，滑坡发生概率增大，会引起非常严重的后果。

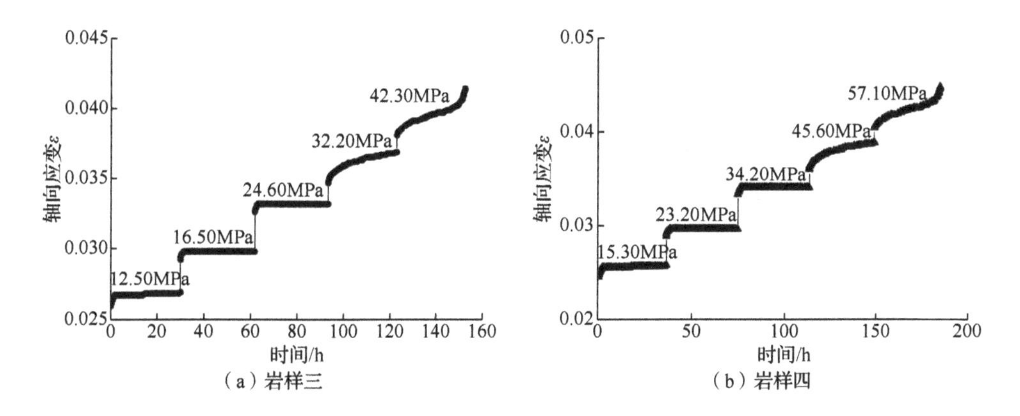

图 5.2 自然状态下岩样三及岩样四轴向流变曲线

5.1.3 岩石三轴压缩流变试验结果

1. 岩石轴向流变曲线规律

根据不同循环侵水-失水次数（5 次、15 次、20 次、30 次、60 次）条件下岩石流变试验结果，绘制岩石轴向流变曲线，如图 5.3、图 5.4 所示。

根据岩石轴向流变曲线特征可知：经历循环侵水-失水作用处理的岩石流变特性比自然状态下更加显著。循环侵水-失水作用下岩样轴向流变曲线变化阶段与自然状态下一致，也包括衰减流变阶段、稳定流变阶段及加速流变阶段三个流变阶段；同样在第五级轴向荷载作用下，出现加速流变速率阶段。

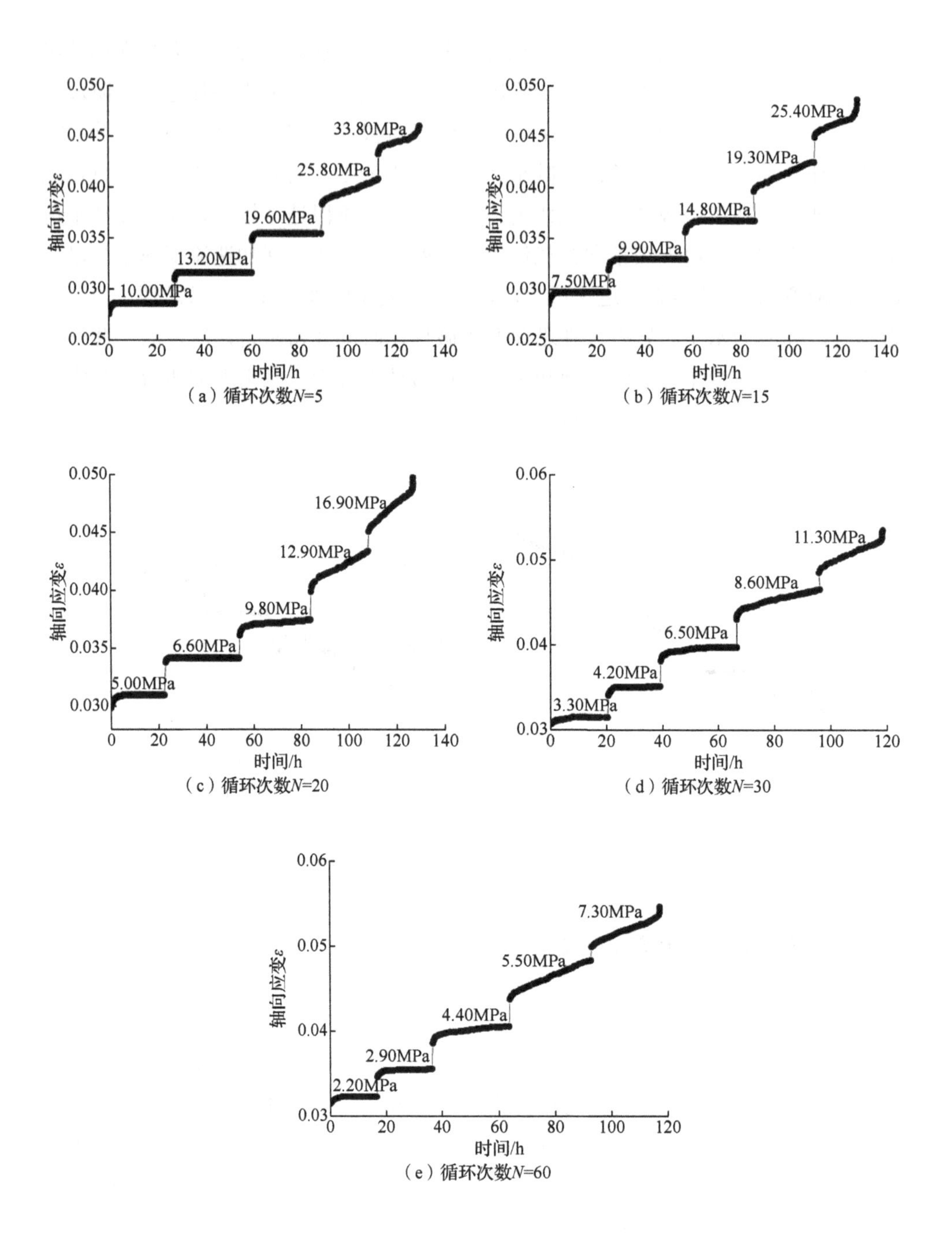

图 5.3　岩样三轴向流变曲线

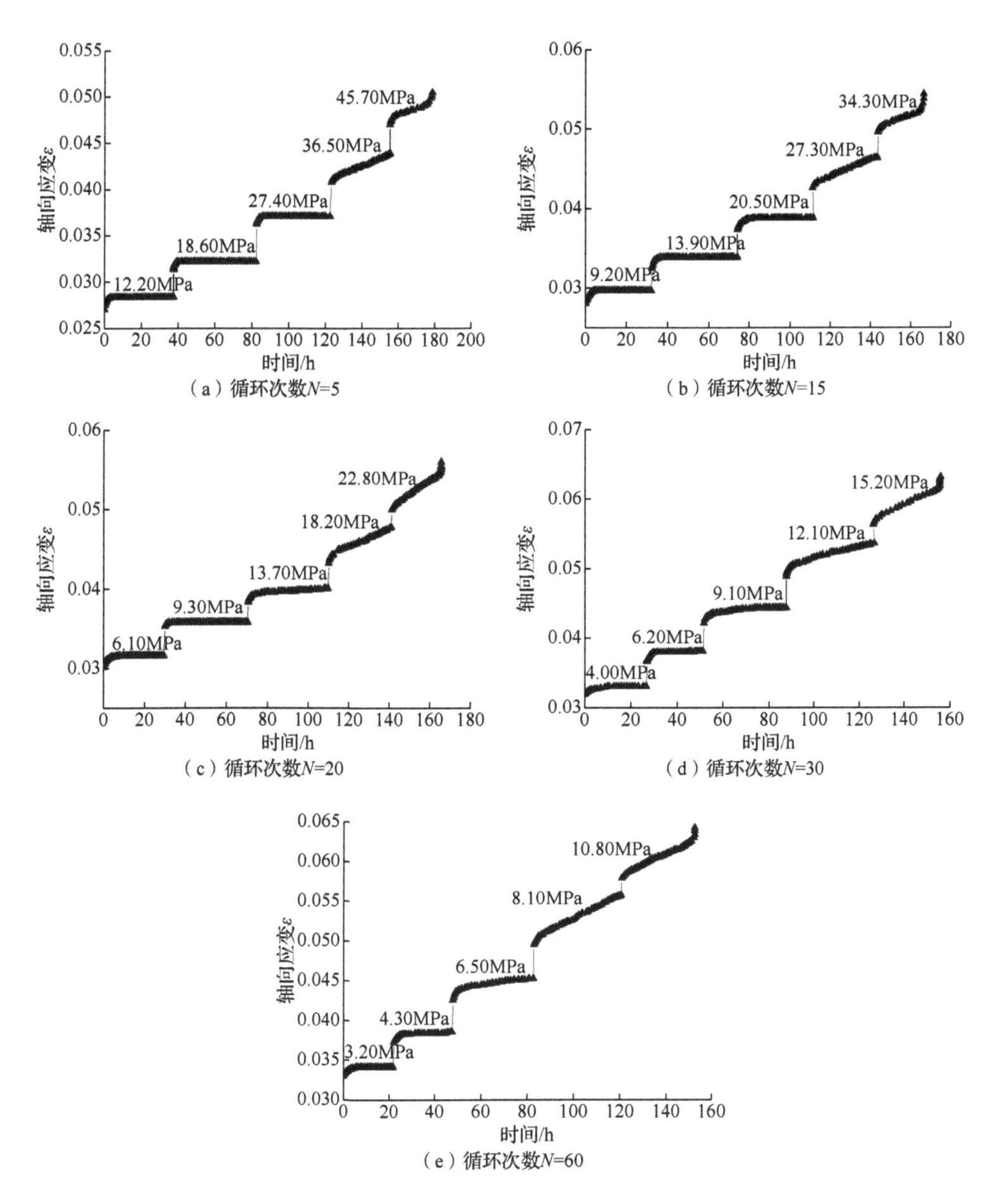

（a）循环次数N=5

（b）循环次数N=15

（c）循环次数N=20

（d）循环次数N=30

（e）循环次数N=60

图 5.4　岩样四轴向流变曲线

根据循环侵水-失水作用下岩石分级加载流变曲线可以得到，岩石流变变形主要包括瞬时变形和流变变形两部分。根据分级加载流变试验结果，得到岩样三、岩样四分级加载下轴向应变值，如表 5.3、表 5.4 所示。

表 5.3　岩样三分级加载下轴向应变值

循环次数	应力水平/MPa	瞬时应变	流变应变	总应变	ε_{p1}
0	12.50	0.0259	0.0007	0.0266	2.63%
	16.50	0.0292	0.0006	0.0298	2.01%
	24.60	0.0326	0.0006	0.0332	1.81%
	32.20	0.0347	0.0021	0.0368	5.71%
	42.30	0.0391	0.0023	0.0414	5.56%
5	10.00	0.02775	0.00083	0.0285	2.90%
	13.20	0.0309	0.0007	0.0316	2.22%
	19.60	0.0348	0.00066	0.0354	1.86%
	25.80	0.0383	0.00254	0.0408	6.22%
	33.80	0.0432	0.00282	0.0460	6.13%
15	7.50	0.0287	0.00101	0.0297	3.40%
	9.90	0.032	0.00092	0.0329	2.79%
	14.80	0.0355	0.00119	0.0366	3.24%
	19.30	0.0396	0.00284	0.0424	6.69%
	25.40	0.0448	0.00377	0.0485	7.76%
20	5.00	0.0298	0.00114	0.0309	3.68%
	6.60	0.0331	0.00104	0.0341	3.05%
	9.80	0.0361	0.00134	0.0374	3.58%
	12.90	0.0399	0.00348	0.0433	8.02%
	16.90	0.0456	0.0041	0.0497	8.25%
30	3.30	0.0299	0.0016	0.0315	5.08%
	4.20	0.0335	0.00159	0.0350	4.53%
	6.50	0.0382	0.0016	0.0398	4.02%
	8.60	0.0425	0.00409	0.0465	8.78%
	11.30	0.0488	0.00477	0.0535	8.90%
60	2.20	0.0304	0.00186	0.0322	5.77%
	2.90	0.0336	0.00196	0.0355	5.51%
	4.40	0.0385	0.00206	0.0405	5.08%
	5.50	0.0437	0.00468	0.0483	9.67%
	7.30	0.049	0.0057	0.0547	10.42%

注：ε_p 为流变应变占总应变的比例。

表 5.4　岩样四分级加载下轴向应变值

循环次数	应力水平/MPa	瞬时应变	流变应变	总应变	ε_{p2}
0	15.30	0.02489	0.00081	0.0257	3.15%
	23.20	0.0289	0.00074	0.02964	2.50%
	34.20	0.03334	0.00073	0.03407	2.14%
	45.60	0.03655	0.00233	0.03888	5.99%
	57.10	0.04098	0.00341	0.04439	7.68%
5	12.20	0.02726	0.00112	0.02838	3.95%
	18.60	0.03137	0.00084	0.03221	2.61%
	27.40	0.03626	0.00084	0.0371	2.26%
	36.50	0.04081	0.0031	0.04391	7.06%
	45.70	0.04702	0.00446	0.05148	8.66%
15	9.20	0.02835	0.0013	0.02965	4.38%
	13.90	0.0326	0.00126	0.03386	3.72%
	20.50	0.03733	0.00148	0.03881	3.81%
	27.30	0.04265	0.00371	0.04636	8.00%
	34.30	0.04938	0.00503	0.05441	9.24%
20	6.10	0.03019	0.00137	0.03156	4.34%
	9.30	0.03423	0.00147	0.0357	4.12%
	13.70	0.03827	0.00171	0.03998	4.28%
	18.20	0.04347	0.00421	0.04768	8.83%
	22.80	0.05018	0.00569	0.05587	10.18%
30	4.00	0.03123	0.00192	0.03315	5.79%
	6.20	0.03623	0.00192	0.03815	5.03%
	9.10	0.04224	0.00217	0.04441	4.89%
	12.10	0.04809	0.00528	0.05337	9.89%
	15.20	0.05622	0.00688	0.0631	10.90%
60	3.20	0.03204	0.00214	0.03418	6.26%
	4.30	0.03625	0.00236	0.03861	6.11%
	6.50	0.04266	0.00266	0.04532	5.87%
	8.10	0.04971	0.0061	0.05581	10.93%
	10.80	0.05707	0.00723	0.0643	11.24%

根据表 5.3、表 5.4 可以得到，随着循环侵水-失水次数的增加，岩样流变应变在总应变中所占的比值 ε_p 呈现逐渐增大趋势，岩样三流变应变占总应变的最大比值可达 10.42%，岩样四流变应变占总应变的最大比值可达 11.24%。循环侵水-失水作用下岩石流变试验结果表明：随着循环次数的增加，岩石内部结构出现不可逆损伤，强度逐渐弱化，从而导致岩石的总变形量增大。对于循环侵水-失水作

用引起的岩石流变变化特征，随着循环次数的增加，岩石流变变形量逐渐增大，岩石的流变效应也越显著。因此，基于上述研究成果可知，对于露天矿坑尾矿库边坡的稳定性分析既需要考虑边坡的短期稳定性，又需要综合考虑循环侵水-失水作用对边坡长期稳定性的影响。

2. *岩石流变长期强度*

岩石长期强度与岩石流变特性密切相关。根据循环侵水-失水作用下岩石流变试验结果可以得到，循环侵水-失水作用导致岩石的流变效应更显著，因此，对于循环侵水-失水作用对岩石长期强度的影响需要深入研究，这也是分析边坡长期稳定性的基础。通过循环侵水-失水作用下岩石的分级加载流变曲线特征能够得到不同循环次数下的岩石长期强度。根据岩石流变曲线特征确定岩石长期强度常用方法主要包括等时曲线簇法、流变速率判别法、流变体积法、残余应变法及黏塑性应变率法。目前，等时曲线簇法为确定岩石长期强度最常用方法之一，具体作法是：在不同分级荷载作用下得到的岩石流变曲线上，选择不同时间参数，用平行于纵坐标轴的直线与岩石流变曲线相交，得到与相同荷载作用下流变曲线的交点，并绘制不同时间条件下岩石应力-应变等时曲线，如图 5.5 所示。

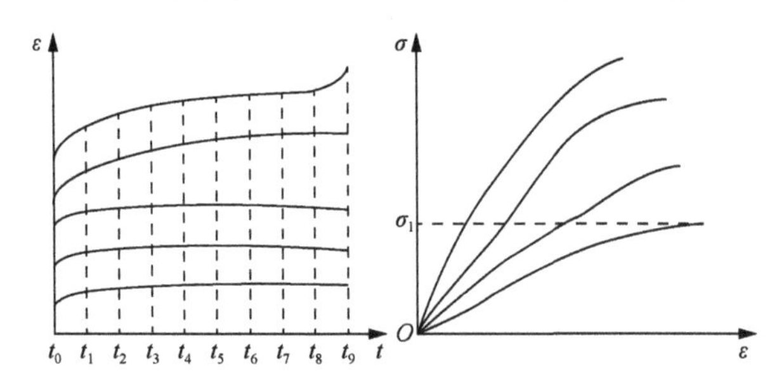

图 5.5　等时曲线簇法

根据不同循环侵水-失水作用下分级荷载流变曲线的形态特征，通过搜寻应力-应变曲线发生转折的点，确定岩石屈服强度极限值。文中通过分析不同循环侵水-失水作用下岩石分级加载流变曲线特征，分别绘制不同时间节点条件下岩石应力-应变等时曲线。根据不同循环侵水-失水条件下岩石分级荷载作用下流变曲线变化特征，蚀变岩等时曲线簇形态出现两次转折，第一个转折点为岩石线弹性变形向非线性黏弹性变形过渡，第二个转折点对应岩石非线性黏弹性变形向黏塑性变形过渡，岩石试件内部细观结构发生劣化，内部骨架结构及原生缺陷扩展，因此，确定等时曲线簇的第二个折点所对应的荷载值为岩石的长期强度。两种岩石（岩样三和岩样四）的等时曲线簇示意图如图 5.6、图 5.7 所示。

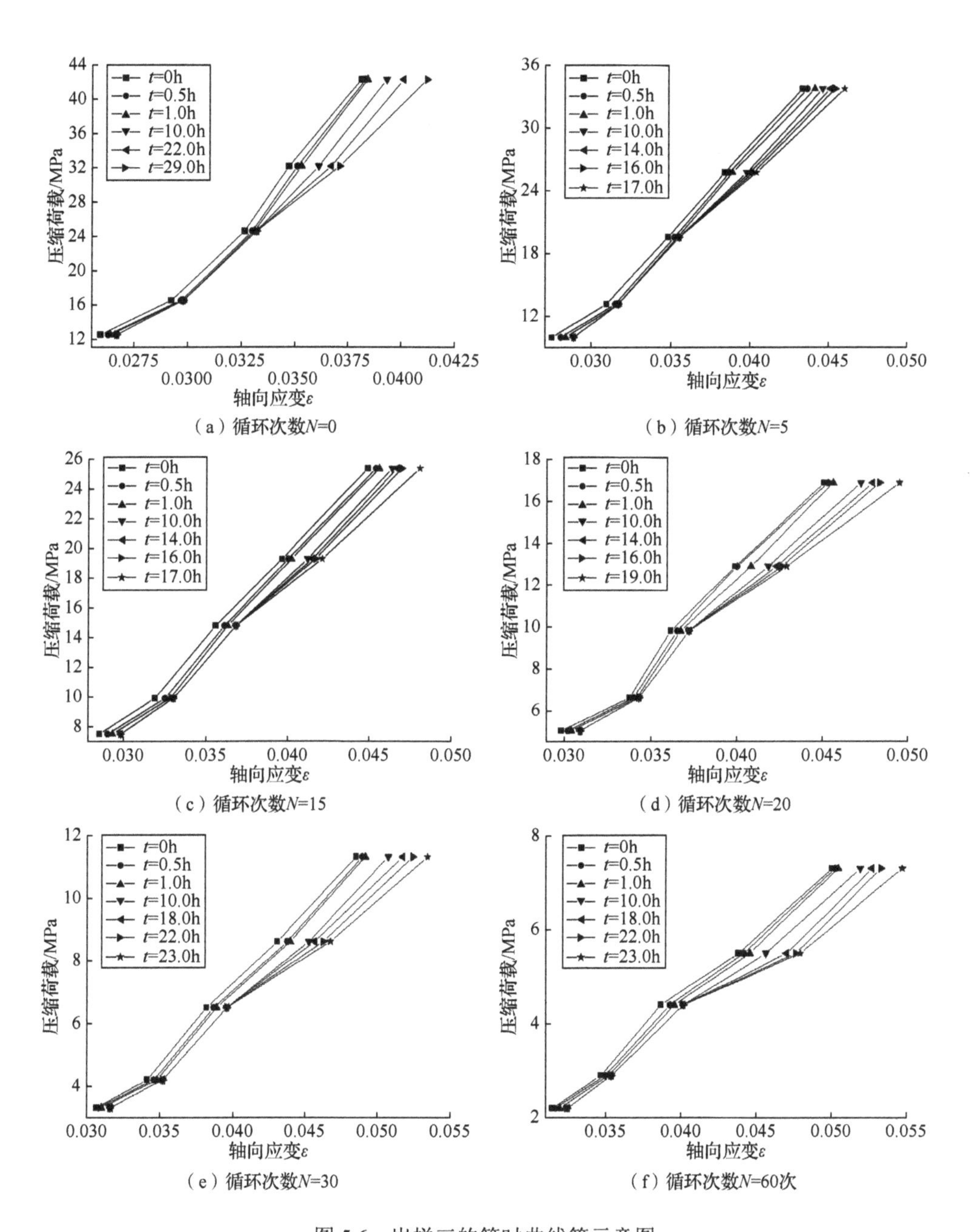

图 5.6　岩样三的等时曲线簇示意图

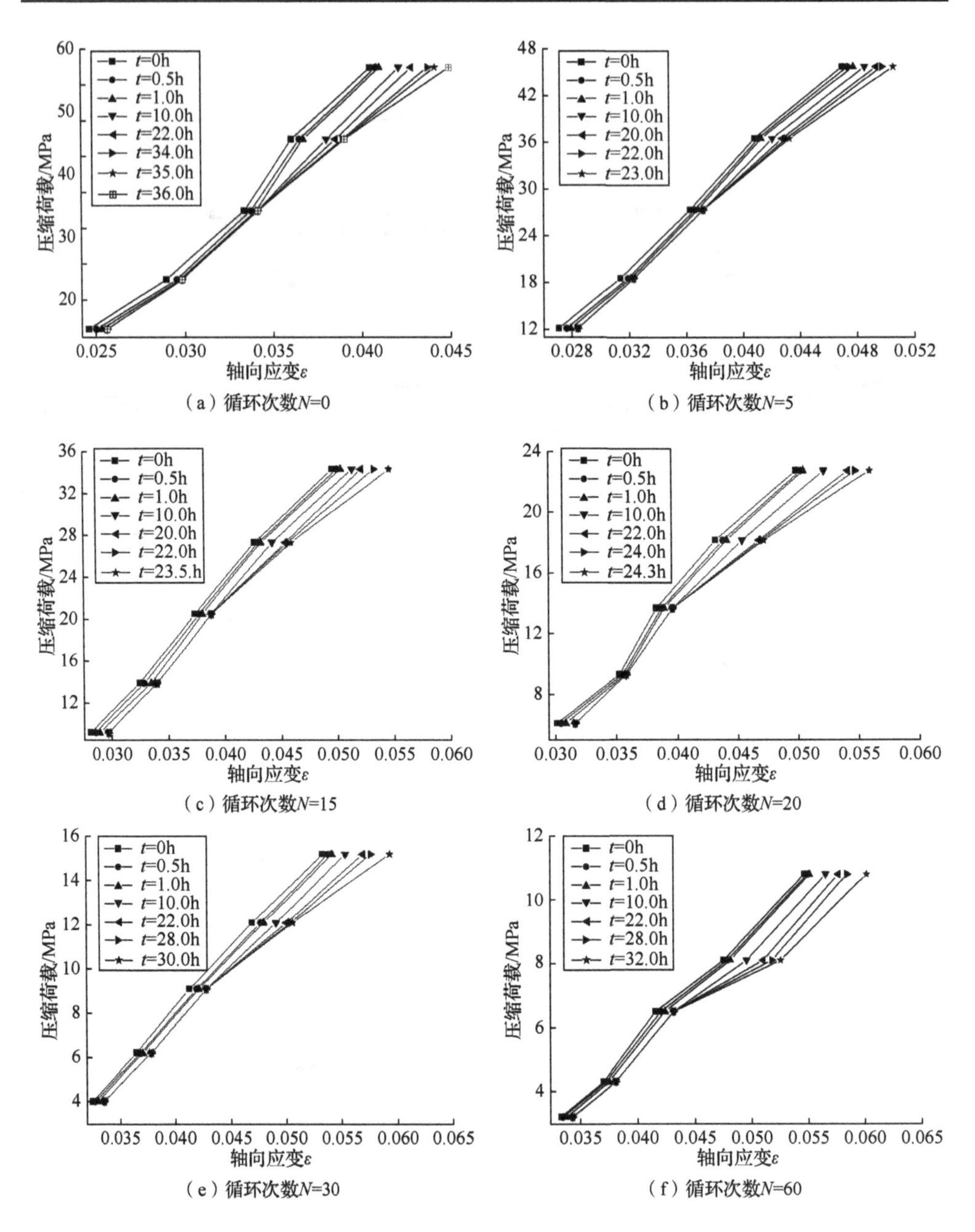

图 5.7　岩样四的等时曲线簇示意图

表 5.5 列出了两种岩石长期强度值。由表 5.5 可知，随着循环侵水-失水次数的增大，岩样三与岩样四的长期强度逐渐减小；岩样三长期强度由 32.13MPa 降低至 5.46MPa，最大降低幅度为 83.01%；岩样四长期强度由 45.44MPa 降低至 8.09MPa，最大降低幅度为 82.20%；岩样四长期强度总大于岩样三长期强度。

表 5.5 两种岩石长期强度值

循环次数	长期强度/MPa	
	岩样三	岩样四
0	32.13	45.44
5	25.87	36.54
15	19.25	27.26
20	12.98	18.29
30	8.62	12.13
60	5.46	8.09

通过分析岩石流变曲线及长期强度求解，表明：循环侵水-失水作用对露天矿坑边坡岩石的长期强度造成弱化，引起露天矿坑边坡长期稳定性问题。因此，露天矿坑边坡的长期稳定性分析应充分考虑库水位升降变化带来的不利影响。

5.2 经典岩石流变力学模型

5.2.1 流变基本结构及典型流变模型

流变的基本结构包括弹性体（又称胡克体）、线性黏性体（又称牛顿体）、摩擦体（又称塑性体）和非线性黏性体，有的学者根据自己所研究问题的需要，开发了考虑峰后应变软化的硬化体、开关体等。这些基本元件的力学特性对于流变模型的构建及参数分析非常重要。

（1）弹性体

弹性是力学最先接触的一种变形特性，它是一种理想变形状态，是指材料在荷载作用下其应力和应变呈线性变化规律。在力学上这种变形特性可用一弹簧来描述，如图 5.8 所示；用符号 H 表示，其本构关系为

$$\begin{cases}\sigma=E\varepsilon \\ \tau = G\gamma\end{cases} \tag{5.1}$$

式中，E——材料的弹性模量；

G——材料的剪切模量；

τ——切应力；

γ——切应变。

（2）线性黏性体

线性黏性体描述的是材料在荷载作用下其应变与时间呈线性变化关系，通常用一假想的黏度来表示，一般在力学模型中用符号 N 表示，如图 5.9 所示，其本

构关系可以表示为

$$\begin{cases}\sigma=\eta\dot{\varepsilon}\\ \tau=\eta\dot{\gamma}=2\eta\dot{\varepsilon}\end{cases} \tag{5.2}$$

式中，$\dot{\varepsilon}$——正应变速率；

$\dot{\gamma}$——切应变速率；

η——剪切黏性系数。在流变学中，η 是一个很重要的力学特征参数，一般简称为黏度，表示应变对时间的一次导数。

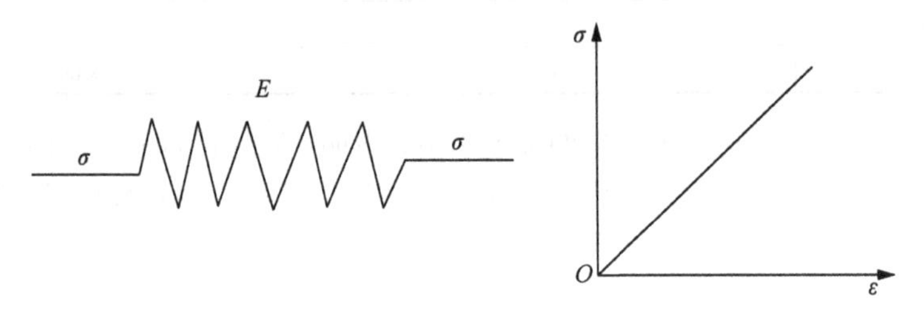

图 5.8　弹性元件

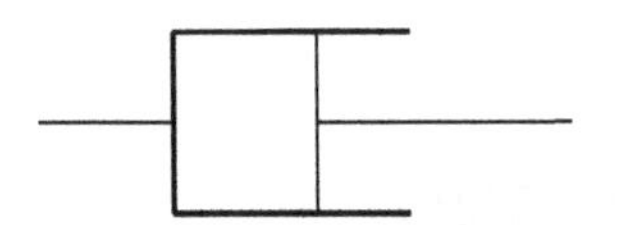

图 5.9　线性黏性元件

对式（5.2）进行积分，可得

$$\begin{cases}\varepsilon=\dfrac{\sigma_0}{\eta}t+C\\ \gamma=\dfrac{\tau_0}{\eta}t+C\end{cases} \tag{5.3}$$

从式（5.3）中可以看出，随着时间的增加，应变将趋近于无穷大。

（3）摩擦体

摩擦体是指材料受到荷载作用后，变形有两种情况：一种是荷载较小，材料不发生变形；另一种是荷载超过一定值，材料出现变形，且当卸载后变形也不恢复，具有这种变形特征的材料称为理想塑性体，在力学中可用如图 5.10 所示的元件表示，符号为 Y。

图 5.10　塑性元件

摩擦体特征类似于斜面上的滑块，当下滑力小于抗滑力时，滑块不会发生滑动，而当下滑力大于抗滑力时，滑块将出现滑动，所以其应力-应变关系可以表示为

$$\begin{cases}\sigma < f, & \varepsilon = 0 \\ \sigma \geqslant f, & \varepsilon \to \infty\end{cases} \tag{5.4}$$

（4）非线性黏性体

在理想牛顿体中，应力和应变呈线性变化关系，而在非线性牛顿体中应力和应变关系对时间的二次导数或三次导数呈线性变化关系，即应力-应变关系可以表示为

$$\begin{cases}\sigma = \eta_1\ddot{\varepsilon} + \eta_2\dot{\varepsilon} \\ \tau = \eta_1\ddot{\gamma} + \eta_2\dot{\gamma}\end{cases} \tag{5.5}$$

式中，η_1、η_2——黏性系数；

$\dot{\varepsilon}$、$\ddot{\varepsilon}$——法向应变速率、法向应变速率变化率；

$\dot{\gamma}$、$\ddot{\gamma}$——切向应变速率、切向应变速率变化率。

利用上述四种基本元件，特别是前三种元件，可以组成多种流变组合模型，如二元体模型麦克斯韦（Maxwell）模型和开尔文（Kelvin）模型，三元体模型坡印亭-汤姆逊（Poynting-Thomson）模型以及由更多元件组成的广义 Kelvin 模型等。常用元件组合模型及其结构组成和一维本构关系如表 5.6 所示。

表 5.6　常用元件组合模型及其结构组成和一维本构关系

流变模型	结构组成	一维本构关系
Maxwell 模型	H-N	$\sigma + \frac{\eta}{E}\dot{\sigma} = \eta\dot{\varepsilon}$
Kelvin 模型	H|N	$\sigma + E\varepsilon + \eta\dot{\varepsilon}$
三参量模型	H-(H|N)	$\sigma + \frac{\eta}{E+E'}\dot{\sigma} = \frac{EE'}{E+E'}\varepsilon + \frac{E\eta}{E+E'}\dot{\varepsilon}$
Poynting-Thomson 模型	H|(H-N)	$\sigma + \frac{\eta}{E}\dot{\sigma} = E'\varepsilon + \left(\eta + \frac{E'\eta}{E}\right)\dot{\varepsilon}$
伯格斯（Burgers）模型	M-K	$\sigma + \left(\frac{\eta}{E} + \frac{\eta+\eta'}{E'}\right)\dot{\sigma} + \frac{\eta\eta'}{EE'}\ddot{\sigma} = \eta\varepsilon + \frac{\eta\eta'}{E'}\ddot{\varepsilon}$
黏塑性模型	Y|N	当 $\sigma < f$ 时，$\varepsilon=0$；当 $\sigma \geqslant f$ 时，$\dot{\varepsilon} = \frac{\sigma - f}{\eta}$
宾汉姆（Bingham）模型	H-(Y|N)	当 $\sigma < f$ 时，$\varepsilon = \frac{\sigma}{E}$；当 $\sigma \geqslant f$ 时，$\dot{\varepsilon} = \frac{\dot{\sigma}}{E} + \frac{\sigma - f}{\eta}$
西原模型	H-(H|N)-(Y|N)	当 $\sigma < f$ 时，$\sigma + \frac{\eta'}{E+E'}\dot{\sigma} = \frac{EE'}{E+E'}\varepsilon + \frac{E'\eta'}{E+E'}\dot{\varepsilon}$； 当 $\sigma \geqslant f$ 时，$(\sigma - f) + \left(\frac{\eta''}{E} + \frac{\eta'+\eta''}{E'}\right)\dot{\sigma} + \frac{\eta'\eta''}{EE'}\ddot{\sigma} = \eta''\dot{\varepsilon} + \frac{\eta'\eta''}{E'}\ddot{\varepsilon}$

流变现象主要表现为瞬时弹性变形、黏性流动、应力松弛和弹性后效四种力学行为。表 5.6 中常用元件组合模型的流变特征如表 5.7 所示。

表 5.7　常用元件组合模型的流变特征

流变模型	瞬时弹性变形	蠕变	应力松弛	弹性后效	黏性流动
Maxwell 模型	有	有	有	无	有
Kelvin 模型	无	有	无	有	无
三参量模型	有	有	有	有	无
Poynting-Thomson 模型	有	有	有	有	无
Burgers 模型	有	有	有	有	有
黏塑性模型	无	有	无	无	有
Bingham 模型	有	有	有	无	有
西原模型	有	有	有	有	有

5.2.2　三维状态下的流变本构关系

根据弹性理论，弹性本构关系的三维张量形式为

$$S_{ij}=2G_0e_{ij}\text{；}\quad \sigma_{ii}=3K\varepsilon_{ii} \tag{5.6}$$

式中，S_{ij}、e_{ij}、σ_{ii}、ε_{ii}——应力偏量、应变偏量及应力和应变第一不变量的张量形式，分别为

$$S_{ij}=\sigma_{ij}-\sigma_m\delta_{ij}=\begin{pmatrix}\sigma_x-\sigma_m & \tau_{xy} & \tau_{xz}\\ \tau_{yx} & \sigma_y-\sigma_m & \tau_{yz}\\ \tau_{zx} & \tau_{zy} & \sigma_z-\sigma_m\end{pmatrix}\qquad i,j=x,y,z \tag{5.7}$$

$$e_{ij}=\varepsilon_{ij}-\varepsilon_m\delta_{ij}=\begin{pmatrix}\varepsilon_x-\varepsilon_m & \dfrac{1}{2}\gamma_{xy} & \dfrac{1}{2}\gamma_{xz}\\ \dfrac{1}{2}\gamma_{yx} & \varepsilon_y-\varepsilon_m & \dfrac{1}{2}\gamma_{yz}\\ \dfrac{1}{2}\gamma_{zx} & \dfrac{1}{2}\gamma_{zy} & \varepsilon_z-\varepsilon_m\end{pmatrix}\qquad i,j=x,y,z \tag{5.8}$$

$$\sigma_{ii}=\sigma_{11}+\sigma_{22}+\sigma_{33}=3\sigma_m\qquad \varepsilon_{ii}=\varepsilon_{11}+\varepsilon_{22}+\varepsilon_{33}=3\varepsilon_m \tag{5.9}$$

其中，σ_m为球应力张量；ε_m为球应变张量；弹性剪切模量 G_0、弹性体积模量 K 与弹性模量 E_0 和泊松比μ之间的关系为

$$E_0=\frac{9G_0K}{3K+G_0}\text{，}\quad \mu=\frac{3K-2G_0}{2(3K+G_0)} \tag{5.10}$$

因此，比较$\sigma=E_0\varepsilon$ 与式（5.6）可得三维本构关系为

$$S_{ij}=2\frac{Q'(D)}{P'(D)}e_{ij}\text{，}\quad e_{ii}=3\frac{Q''(D)}{P''(D)}\varepsilon_{ii} \tag{5.11}$$

常用黏弹性模型算子函数的拉普拉斯空间形式如表 5.8 所示。

表 5.8　常用黏弹性模型算子函数的拉普拉斯空间形式

流变模型	$\bar{P}'(s)$	$\bar{Q}'(s)$	体积变形呈弹性	
			$\bar{P}''(s)$	$\bar{Q}''(s)$
Maxwell 模型	$1+\frac{\eta}{G}s$	ηs	1	K
Kelvin 模型	1	$G'+\eta' s$	1	K
三参量模型	$1+\frac{\eta}{G+G'}s$	$\frac{GG'}{G+G'}+\frac{G\eta}{G+G'}s$	1	K
Poynting-Thomson 模型	$1+\frac{\eta}{G}s$	$G'+\left(\eta+\frac{G'\eta}{G}\right)s$	1	K
Burgers 模型	$1+\left(\frac{\eta}{G}+\frac{\eta+\eta'}{G'}\right)s+\frac{\eta\eta'}{GG'}s^2$	$\eta s+\frac{\eta\eta'}{G'}s^2$	1	K

注：$\bar{P}'(s)$ 和 $\bar{Q}'(s)$ 分别为算子函数 $P(s)$和 $Q(s)$对时间的一阶微分算子；$\bar{P}''(s)$ 和 $\bar{Q}''(s)$ 分别为算子函数 $P(s)$ 和 $Q(s)$对时间的二阶微分算子。

5.3　考虑岩石细观损伤流变本构模型

5.3.1　流变模型的选择

在实际工程应用时，需要建立合适的模型来进行实际问题的分析。通常情况下，若要贴近工程实际描述岩石的流变特性，就要进行大量的室内或现场岩石流变试验，根据岩石的真实流变特性及变形形态测试结果进行分析、归纳，最终选择或建立较切合实际的流变特性模型。因此，模型的选择应当以能够较正确地反映岩体的主要变形特性为前提，通常可采用下述几种方法进行综合分析选择。

（1）直接筛选法

直接筛选法是根据变形-时间曲线特征直接进行模型识别的方法。一般做法是根据模型的流变形态及试验或现场观测的变形-时间曲线来确定。对于线性元件组合模型的识别，若变形-时间曲线在某个时刻后具有近似的水平切线，则选取 Kelvin 模型、三参量模型或 Poynting-Thomson 模型来模拟分析比较合适。一般来说，岩体均具有弹性变形，则简单的 Kelvin 模型即能描述；而三参量模型与 Poynting-Thomson 模型二者的流变特性完全相同，都具有弹性变形、弹性后效、应力松弛特性，而不具有黏性流动特性，它们描述的均为稳定蠕变。但 Poynting-Thomson 模型较三参量模型稍复杂些。所以，对于稳定蠕变情况，选择三参量模型较佳。当变形-时间曲线在某个时刻后仍具有不可近似为零的变形速率且应力小于屈服应力时，应选 Maxwell 模型或 Burgers 模型，这两个模型均可模拟这种情况。但当岩体具有弹性后效的特性时，就必须选用 Burgers 模型进行分析。对于应力大于屈服应力的情况，可选取 Bingham 模型和西原模型；西原模型描述流变特性全面，因此，这种情况下选择西原模型较佳。当线性元件模型不能很好地描述岩石的流变特性时，可以考虑在初步选定的线性元件模型基础上，通过适当的方法处理得到合适的非线性元件模型。这种情况下，非线性模型一般比线性模型待定参数要多，所以在参数回归反演时相对复杂一些。表 5.7 列出了常用线性元件组合模型的流变特性与比较，在应用时，可根据岩体所表现出的流变特征，参考表 5.7 选择合适的元件模型，然后对模型进行非线性处理。

（2）后验排除法

现场实测结果是岩体流变模型参数识别的基础，可作为岩体模型选择及参数辨识的输入信息。由于现场试验得到的第一手资料往往是位移，仅凭位移很难判定岩体所处的应力状态。对于黏弹性材料和黏弹塑性材料，在瞬时荷载作用时均有瞬时弹性变形发生，瞬时或随时间持续有无塑性变形需要根据岩体的应力状态由塑性屈服准则来判定，一种比较实用的方法是后验排除方法，即首先根据实际测试曲线假定岩体为黏弹性或黏弹塑性材料，并选取相应的模型进行分析，然后用实测信息与分析结果进行比较检验，从而排除不合理的黏弹性或黏塑性模型的假设，获得较切合实际的模型。

（3）综合分析法

为了缩小模型识别的范围，提高模型参数识别的效率，也可综合利用上述两种方法，即首先利用直接筛选法，通过将常用流变模型所描述的岩体流变特征与试验曲线形状特征进行对比分析，对流变模型进行初步筛选，选出相应元件模型，并结合实际情况对线性元件模型进行非线性处理，得到非线性元件模型。然后对不同的非线性模型利用后验排除法进行模型和相应模型参数的进一步识别，将识别结果回代解析式与试验曲线进行比较分析，最终确定合理的模型与参数，如图 5.11 所示。

根据所研究岩石流变特点，本节将选择第三种方法进行综合比对，优选流变本构关系。

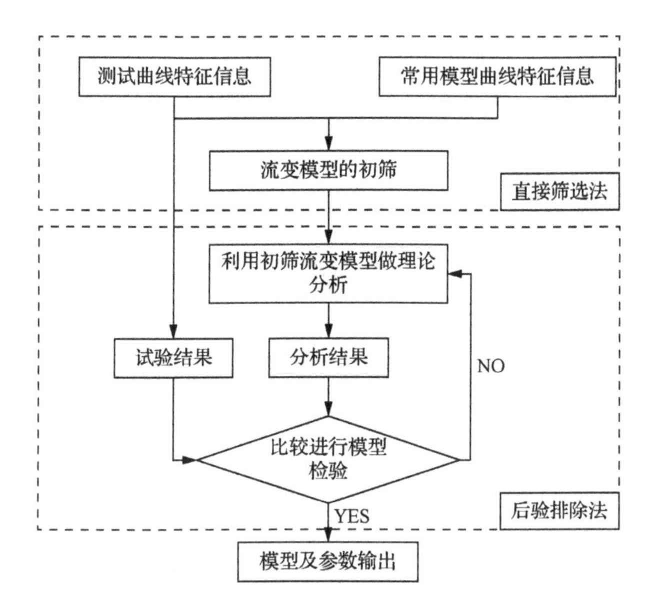

图 5.11　流变模型选择流程

根据前述流变试验结果，当荷载值小于长期强度时，岩石试件的变形由瞬时弹性变形和稳定蠕变变形两部分组成；而当荷载值大于长期强度时，试件的变形则由瞬时弹性变形、较短的稳定蠕变变形和不稳定蠕变变形三部分组成，岩石试件经过不稳定蠕变变形阶段后很快发生破坏，即岩石的蠕变变形表现出明显韧-脆性破坏，故可采用 Burgers 模型进行分析。

在常规三轴蠕变试验中，仅考虑岩石处于黏弹性阶段的蠕变变形，不考虑破坏阶段的蠕变变形。常规三轴试验 $\sigma_2=\sigma_3$，根据胡克定律，其弹性应变可以表示为

$$\begin{cases}\varepsilon_1=\dfrac{1}{E}[\sigma_1-\mu(\sigma_2+\sigma_3)]=\dfrac{1}{E}(\sigma_1-2\mu\sigma_2)\\ \varepsilon_2=\varepsilon_3=\dfrac{1}{E}[\sigma_2-\mu(\sigma_1+\sigma_3)]=\dfrac{1}{E}[(1-\mu)\sigma_2-\mu\sigma_1]\end{cases}\tag{5.12}$$

对式（5.12）中 ε_1 进行拉氏变换，可以得到应变 ε 在拉氏空间的形式为

$$\bar{\varepsilon}_1(s)=\frac{1}{E(s)}[\bar{\sigma}_1(s)-2\bar{\mu}(s)\bar{\sigma}_2(s)]\tag{5.13}$$

式中，$\bar{\varepsilon}_1(s)$、$\bar{\mu}(s)$ 和 $\bar{\sigma}_1(s)$、$\bar{\sigma}_2(s)$——经过拉式变换后的应变、泊松比和应力。

将拉氏空间中黏弹性参数的拉氏变换表达式代入式（5.13），有

$$\overline{\varepsilon}_1(s)=\frac{3\overline{P'}(s)\overline{Q''}(s)+\overline{P''}(s)\overline{Q'}(s)}{9\overline{Q'}(s)\overline{Q''}(s)}\left\{\frac{\sigma_1}{s}-2\frac{\sigma_2}{s}\cdot\frac{3\overline{P'}(s)\overline{Q''}(s)-2\overline{P''}(s)\overline{Q'}(s)}{2\left[3\overline{P'}(s)\overline{Q''}(s)+\overline{P''}(s)\overline{Q'}(s)\right]}\right\} \tag{5.14}$$

对式（5.14）化简可得

$$\overline{\varepsilon}_1(s)=\frac{\frac{\sigma_1}{s}\left[3\overline{P'}(s)\overline{Q''}(s)+\overline{P''}(s)\overline{Q'}(s)\right]-\frac{\sigma_2}{s}\left[3\overline{P'}(s)\overline{Q''}(s)-2\overline{P''}(s)\overline{Q'}(s)\right]}{9\overline{Q'}(s)\overline{Q''}(s)} \tag{5.15}$$

同理对式（5.12）中 ε_2 进行拉氏变换可得

$$\overline{\varepsilon}_2(s)=\frac{\frac{\sigma_2}{s}\left[3\overline{P'}(s)\overline{Q''}(s)+\overline{P''}(s)\overline{Q'}(s)\right]-\frac{\sigma_1+\sigma_2}{2s}\left[3\overline{P'}(s)\overline{Q''}(s)-2\overline{P''}(s)\overline{Q'}(s)\right]}{9\overline{Q'}(s)\overline{Q''}(s)} \tag{5.16}$$

对于 Burgers 模型，在初始瞬时加载的情况下，假设体积变形呈弹性，根据表 5.6 中参数表达式有

$$\begin{cases}\overline{P'}(s)=1+\left(\dfrac{\eta_2}{G_1}+\dfrac{\eta_1+\eta_2}{G_2}\right)s+\dfrac{\eta_1\eta_2}{G_1G_2}s^2\\ \overline{Q'}(s)=\eta_2 s+\dfrac{\eta_1\eta_2}{G_2}s^2\\ \overline{P''}(s)=1\\ \overline{Q''}(s)=K\end{cases} \tag{5.17}$$

式中，G_1、G_2——对应于 E_1、E_2 的剪切黏弹性模量；

η_1、η_2——在三维情况下，对应于过渡（第Ⅰ）蠕变阶段的黏弹性剪切系数、常应变率（第Ⅱ）蠕变阶段的黏性剪切系数；

K——弹性体积模量。

将式（5.17）代入代（5.15）可得

$$\begin{aligned}\overline{\varepsilon}_1(s)&=\frac{\frac{\sigma_1}{s}\left[3\overline{P'}(s)\overline{Q''}(s)+\overline{P''}(s)\overline{Q'}(s)\right]-\frac{\sigma_2}{s}\left[3\overline{P'}(s)\overline{Q''}(s)-2\overline{P''}(s)\overline{Q'}(s)\right]}{9\overline{Q'}(s)\overline{Q''}(s)}\\ &=\frac{\frac{\sigma_1}{s}\left\{3K\left[1+\left(\frac{\eta_2}{G_1}+\frac{\eta_1+\eta_2}{G_2}\right)s+\frac{\eta_1\eta_2}{G_1G_2}s^2\right]+\left(\eta_2 s+\frac{\eta_1\eta_2}{G_2}s^2\right)\right\}-\frac{\sigma_2}{s}\left\{3K\left[1+\left(\frac{\eta_2}{G_1}+\frac{\eta_1+\eta_2}{G_2}\right)s+\frac{\eta_1\eta_2}{G_1G_2}s^2\right]-2\left(\eta_2 s+\frac{\eta_1\eta_2}{G_2}s^2\right)\right\}}{9K\left(\eta_2 s+\frac{\eta_1\eta_2}{G_2}s^2\right)}\end{aligned} \tag{5.18}$$

为简化计算，令

$$A=\frac{\eta_2}{G_1}+\frac{\eta_1+\eta_2}{G_2},\quad B=\frac{\eta_1\eta_2}{G_1G_2},\quad C=\eta_2,\quad D=\frac{\eta_1\eta_2}{G_2} \tag{5.19}$$

则式（5.17）可以表示为

$$\begin{cases}\overline{P'}(s)=1+As+Bs^2\\ \overline{Q'}(s)=Cs+Ds^2\\ \overline{P''}(s)=1\\ \overline{Q''}(s)=K\end{cases} \tag{5.20}$$

将式（5.20）代入式（5.18）并化简可得

$$\begin{aligned}\overline{\varepsilon}_1(s)&=\frac{\frac{\sigma_1}{s}\{3K[1+As+Bs^2]+(Cs+Ds^2)\}-\frac{\sigma_2}{s}\{3K[1+As+Bs^2]-2(Cs+Ds^2)\}}{9K(Cs+Ds^2)}\\ &=\frac{\sigma_1-\sigma_2}{3s^2(C+Ds)}+\frac{\sigma_1(3AK+C)-\sigma_2(3AK-2C)}{9Ks(C+Ds)}+\frac{\sigma_1(3KB+D)-\sigma_2(3KB-2D)}{9K(C+Ds)}\end{aligned} \tag{5.21}$$

将式（5.21）进行拉氏变换后并经拉氏逆变换可得

$$\overline{\varepsilon}_1(t)=\frac{\sigma_1-\sigma_2}{3G_1}+\frac{\sigma_1-\sigma_2}{\eta_1}t+\frac{\sigma_1-\sigma_2}{3G_2}\left(1-\mathrm{e}^{\frac{G_2}{\eta_2}t}\right)+\frac{\sigma_1+2\sigma_2}{9K} \tag{5.22}$$

当 t=0 时，有

$$\overline{\varepsilon}_1(0)=\frac{\sigma_1-\sigma_2}{3G_1}+\frac{\sigma_1+2\sigma_2}{9K}=\frac{1}{E}(\sigma_1-2\mu\sigma_2) \tag{5.23}$$

因此，根据三轴蠕变试验测定出轴向应变和环向应变后，便可以根据式（5.23）求出不同应力水平下的体积模量。其他流变参数可以根据非线性回归的方法确定，记回归函数如下：

$$\chi=f(t,G_1,G_2,\eta_1,\eta_2) \tag{5.24}$$

假设 b_1、b_2、b_3、b_4 分别为参数 G_1、G_2、η_1、η_2 的近似值，并令

$$\begin{cases}\delta_1=G_1-b_1\\ \delta_2=G_2-b_2\\ \delta_3=\eta_1-b_3\\ \delta_4=\eta_2-b_4\end{cases} \tag{5.25}$$

将回归参数作泰勒级数展开，并取线性项，可得

$$\chi=f(t,G_1,G_2,\eta_1,\eta_2)+\sum_{j=1}^{4}f'_{Bj}(t,b_1,b_2,b_3,b_4) \tag{5.26}$$

式中，

$$\begin{cases} f'_{B1} = \dfrac{\partial \chi}{\partial G_1} = -\dfrac{(\sigma_1 - \sigma_2)}{3G_1^2}\left[1 - \exp\left(-\dfrac{G_1}{\eta_1}\right)\right] + \dfrac{(\sigma_1 - \sigma_2)}{3G_1^2} \cdot \dfrac{t}{\eta_1}\exp\left(-\dfrac{G_1}{\eta_1}t\right) \\ f'_{B2} = \dfrac{\partial \chi}{\partial G_2} = -\dfrac{(\sigma_1 - \sigma_2)}{3G_2^2} \\ f'_{B3} = \dfrac{\partial \chi}{\partial \eta_1} = -\dfrac{G_1 t}{\eta_1^2} \cdot \dfrac{(\sigma_1 - \sigma_2)}{3G_1} \cdot \exp\left(-\dfrac{G_1}{\eta_1}t\right) \\ f'_{B4} = \dfrac{\partial \chi}{\partial \eta_2} = -\dfrac{(\sigma_1 - \sigma_2)}{3\eta_2^2} \end{cases} \tag{5.27}$$

最小二乘目标函数

$$\begin{aligned} Q &= \sum\left[\chi_j - f(t_i, G_1, G_2, \eta_1, \eta_2)\right]^2 \\ &= \sum\left[\chi_j - f(t_i, b_1, b_2, b_3, b_4)\right]^2 - \sum f'_{Bj}(t_i, b_1, b_2, b_3, b_4)\delta_j \end{aligned} \tag{5.28}$$

令

$$\frac{\partial Q}{\partial \delta_k} = 0, k = 1,2,3,4$$

则

$$\sum_{j=1}^{4} \alpha_{kj}\delta_j = C_k, k = 1,2,3,4 \tag{5.29}$$

其中，

$$\begin{cases} \alpha_{kj} = \sum f'_{Bk}(t_j, b_1, b_2, b_3, b_4) \cdot f'_{Bj}(t_j, b_1, b_2, b_3, b_4), \quad k, j = 1,2,3,4 \\ C_k = \sum\left[\varepsilon_j - f(t_j, b_1, b_2, b_3, b_4)\right] \cdot f'_{Bk}(t_j, b_1, b_2, b_3, b_4), \quad k = 1,2,3,4 \end{cases} \tag{5.30}$$

求解方程组（5.29），可得回归系数增量δ_1、δ_2、δ_3和δ_4，非线性回归分析的步骤如下。

1）选取回归系数的初始值 b_1、b_2、b_3、b_4。

2）计算α_{kj}和C_k。

3）解线性方程组（5.29），得回归系数增量δ_1、δ_2、δ_3和δ_4。

4）取$b_1 + \delta_1$、$b_2 + \delta_2$、$b_3 + \delta_3$和$b_4 + \delta_4$作为回归系数的近似值。

5）将以上回归系数的近似值作为回归系数的初始值，重复上述步骤，直到δ_1、δ_2、δ_3和δ_4足够小为止。

6）模型参数G_1、G_2、η_1、η_2取为迭代最终所得回归系数 b_1、b_2、b_3、b_4。

5.3.2　分数阶流变本构模型

1. 分数阶微积分理论

17 世纪，莱布尼茨（Leibniz）和牛顿（Newton）创立微积分理论，传统意义上的微积分的微分阶数及积分次数为整数，但是对于分数阶微积分，微分的阶数及积分的次数可以为任意实数。1695 年，微积分发明者莱布尼茨与法国数学家洛必达（L' Hospital）通信讨论将整数阶导数扩展到非整数的情况，如式（5.31）所示。

$$\begin{aligned}&\mathrm{d}^n f(x)/\mathrm{d}x^n \to \mathrm{d}^{\omega} f(x)/\mathrm{d}x^{\omega}(\omega\in[0,1])\\&（如:\omega=1/2 \quad f(x)=x \quad \mathrm{d}^{1/2}x/\mathrm{d}x^{1/2}=?）\end{aligned} \tag{5.31}$$

直到 124 年后的 1819 年，$\mathrm{d}^{1/2}x/\mathrm{d}x^{1/2}=?$ 的问题才由著名数学家拉克洛瓦（Lacroix）首次给出正确结果，即 $\mathrm{d}^{1/2}x/\mathrm{d}x^{1/2}=2x^{1/2}\sqrt{x}$。经过近二百年的发展，分数微积分理论发展日趋成熟，其在工程领域的应用成为近年来的研究热点。由于求导运算为求积分运算的逆运算，因此，存在 $D^n J_a^n f(t)=f(t)$，通过多次运用分部积分可以得到

$$\begin{aligned}D^{-n}f(t)=J_a^n f(t)&=\int_a^t\int_a^{\tau}\cdots\int_a^{n-2}f(\tau_{n-1})\mathrm{d}\tau_{n-1}\cdots\mathrm{d}\tau\\&=\frac{1}{\Gamma(n)}\int_a^t\frac{f(\tau)}{(t-\tau)^{1-n}}\mathrm{d}\tau\end{aligned} \tag{5.32}$$

式中，$\Gamma(n)$——伽马函数，而且 $\Gamma(n)=(n-1)!$。

因此，定义分数阶积分为

$$D^{-\alpha}f(t)=\frac{1}{\Gamma(\alpha)}\int_a^t\frac{f(\tau)}{(t-\tau)^{1-\alpha}}\mathrm{d}\tau \tag{5.33}$$

目前，常用的分数阶导数主要包括 Riemann-Liouville（黎曼-刘维尔）导数与 Caputo（卡普托）导数，如式（5.34）、式（5.35）所示。

Riemann-Liouville 导数：$$D^{-\alpha}f(t)=\frac{1}{\Gamma(m-\alpha)}\frac{d^m}{d^m}\int_a^t\frac{f(\tau)}{(t-\tau)^{1+\alpha-m}}\mathrm{d}\tau \tag{5.34}$$

Caputo 导数：$$D^{-\alpha}f(t)=\frac{1}{\Gamma(m-\alpha)}\int_a^t\frac{f^{(m)}(\tau)}{(t-\tau)^{1+\alpha-m}}\mathrm{d}\tau \tag{5.35}$$

2. 基于分数阶微积分改进流变本构模型

一般而言，理想弹性材料的应力与应变符合胡克定律，满足 $\sigma(t)=E\varepsilon(t)$，理想牛顿流体应力与应变满足 $\sigma(t)=\eta(\mathrm{d}\varepsilon(t)/\mathrm{d}t)$。由于循环侵水-失水作用下岩石强度软化，既不属于理想弹性材料，也不满足理想牛顿流体，而是介于理想弹性材料与理想流体之间，满足 $\sigma(t)=\eta D^{\alpha}\varepsilon(t)$ $(0<\alpha<1)$。基于分数阶微积分理论对经典理论流变本构模型改进，通过采用 Abel（阿贝尔）黏壶代替理论流变模型中的牛顿体，实现对岩石软化流变特性的模拟。Abel 黏壶本构方程如式（5.36）所示。

$$\sigma(t)=\eta^{\gamma}D^{\gamma}\varepsilon(t)=\eta^{\gamma}\frac{d^{\gamma}\varepsilon(t)}{\mathrm{d}t^{\gamma}}(0\leqslant\gamma\leqslant1) \tag{5.36}$$

Burgers 流变模型为描述岩石流变特性的常用组合元件模型之一，由 Maxwell 模型和 Kelvin 模型串联组合而成，如图 5.12 所示。

1）Maxwell 体（简称 M 体）由胡克体和牛顿体串联而成，如图 5.13 所示，等式表示为 K=H−N。此时，静力平衡条件和变形协调条件如式（5.37）所示。

$$\begin{cases}\sigma=\sigma_A=\sigma_B\\ \varepsilon=\varepsilon_A+\varepsilon_B\end{cases} \tag{5.37}$$

式中，σ——模型总应力；

ε——模型总应变；

σ_A、ε_A、σ_B、ε_B——元件 A、元件 B 的应力和应变。

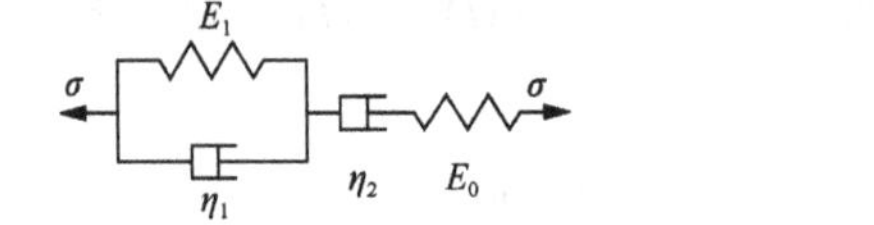

图 5.12　Burgers 流变模型

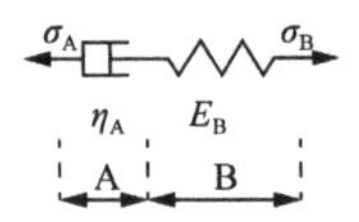

图 5.13　Maxwell 流变模型

Maxwell 体的本构方程、流变方程、松弛方程如式（5.38）～式（5.40）所示。

本构方程

$$\varepsilon=\frac{\sigma}{E}+\frac{\sigma}{\eta} \tag{5.38}$$

流变方程

$$\varepsilon=\frac{\sigma_0}{E}+\frac{\sigma_0}{\eta}t \tag{5.39}$$

松弛方程

$$\sigma=\sigma_0 e^{-\frac{E}{\eta}t}=\sigma_0\exp\left(-\frac{E}{\eta}t\right) \tag{5.40}$$

2）Kelvin 体（简称 K 体）由胡克体和牛顿体并联而成，如图 5.14 所示，等式表示为 K=H|N。此时，静力平衡条件和变形协调条件如式（5.41）所示。

$$\begin{cases}\sigma=\sigma_A+\sigma_B\\ \varepsilon=\varepsilon_A=\varepsilon_B\end{cases} \tag{5.41}$$

式中，σ——模型总应力；

ε——模型总应变；

σ_A、ε_A、σ_B、ε_B——元件 A、元件 B 的应力和应变。

Kelvin 体的本构方程、流变方程如下：

本构方程

$$\sigma=E\varepsilon+\eta\varepsilon \tag{5.42}$$

流变方程

$$\varepsilon=\frac{\sigma_0}{E}\left[1-\exp\left(-\frac{E}{\eta}t\right)\right] \tag{5.43}$$

通过对 Maxwell 体和 Kelvin 体本构方程、流变方程分析，得到 Burgers 模型流变方程为

$$\varepsilon(t)=\frac{\sigma_0}{\eta_2}t+\frac{\sigma_0}{E}+\frac{\sigma_0}{E_1}\left[1-\exp\left(-\frac{E_1}{\eta_1}t\right)\right] \tag{5.44}$$

循环侵水–失水作用下岩石流变损伤模型的建立方法：首先，根据分数阶微分理论，将 Burgers 模型中的牛顿体替换为 Abel 黏壶，用来描述岩石遇水软化特征，如图 5.15 所示。

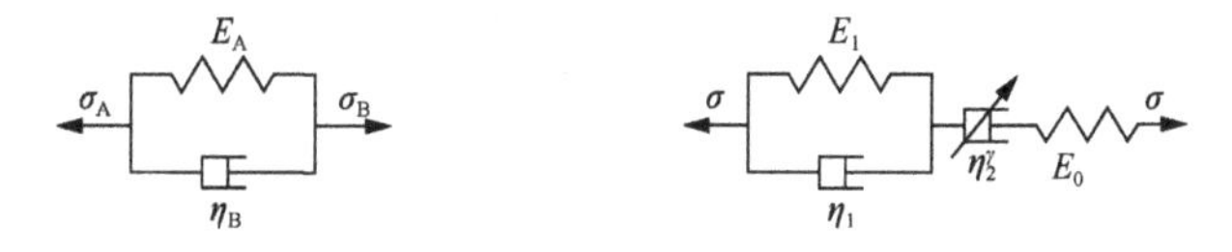

图 5.14　Kelvin 流变模型　　　图 5.15　分数阶微分流变模型

分数阶微分流变模型主要包括三部分，分别对应弹性体、黏弹性体以及黏塑性体，应变分别为ε_e、ε_{ve}、ε_{vp}。根据组合元件串联原理，流变模型总应变为

$$\varepsilon(t)=\varepsilon_e+\varepsilon_{ve}+\varepsilon_{vp} \tag{5.45}$$

1）瞬时弹性变形量ε_e，其本构关系为

$$\varepsilon_e=\frac{\sigma_0}{E_0} \tag{5.46}$$

2）黏弹性变形量ε_{ve}，其本构关系为

$$\varepsilon_{ve}=\frac{\sigma_0}{E}\left[1-\exp\left(-\frac{E}{\eta}t\right)\right] \tag{5.47}$$

3）黏塑性变形量ε_{vp}，根据分数阶微分理论改进 Kelvin 体本构方程，得到其本构关系为

$$\varepsilon_{vp}=\frac{\sigma}{\eta^\gamma}\frac{t^\gamma}{\Gamma(1+\gamma)} \tag{5.48}$$

基于上述对流变模型各个组成部分分析，流变模型总应变方程为

$$\varepsilon(t)=\varepsilon_e+\varepsilon_{ve}+\varepsilon_{vp}=\frac{\sigma_0}{E_0}+\varepsilon=\frac{\sigma_0}{E_1}\left[1-\exp\left(-\frac{E_1}{\eta_1}t\right)\right]+\frac{\sigma}{\eta_2^\gamma}\frac{t^\gamma}{\Gamma(1+\gamma)} \tag{5.49}$$

通过利用岩石 SEM 结果得到不同循环侵水–失水作用下岩石分形维数，定义岩石损伤变量 D，对分数阶微分流变模型进行修正，如图 5.16 所示。

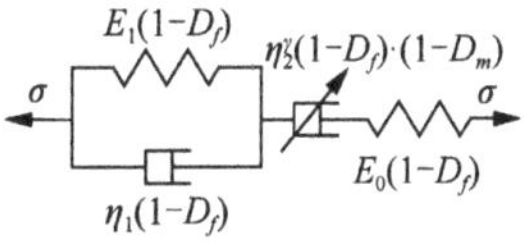

图 5.16　分数阶微分流变损伤模型

对于岩石分数阶微分流变本构模型的损伤修正考虑如下。首先，循环侵水-失水作用贯穿于整个力学试验过程，对于岩石的力学损伤特征，在黏塑性流动阶段，岩石流变行为同时受到循环侵水-失水作用损伤及力学损伤的共同作用。因此，循环侵水-失水作用下岩石分数阶微分流变损伤本构模型修正主要包括两个方面，一是在弹性阶段和黏弹性阶段只引入细观损伤变量 D_f 进行修正；二是在黏塑性阶段由统计损伤变量 D_m 修正。岩石分数阶微分流变损伤本构模型如式（5.50）所示。

$$\varepsilon(t)=\frac{1}{(1-D_f)}\left\{\frac{\sigma}{E_0}+\frac{\sigma}{E_1}\left[1-\exp\left(-\frac{E_1}{\eta_1}t\right)\right]\right\}+\frac{\sigma}{\eta_2^{\gamma}\Gamma(\gamma)}\int_0^t(t-\tau)^{\gamma-1}\mathrm{e}^{\left(\frac{\tau}{n}\right)^m}\mathrm{d}\tau \tag{5.50}$$

5.3.3 流变模型参数辨识及变化规律

1. 流变模型参数辨识结果

基于分数阶微积分改进流变模型，对不同循环侵水-失水作用下岩石三轴流变试验结果进行参数辨识。其中，主要包括七个模型参数：瞬时弹性模量 E_0，黏弹性模量 E_1、黏性系数 η_1、分数阶黏性系数 η_2^{γ}、分数阶微分的阶次 γ ($0<\gamma<1$)，Weibull 分布参数 n、m。基于改进流变模型参数辨识结果，并根据流变模型参数的力学意义分析岩石力学性质变化规律。

采用 MATLAB 软件中自带的曲线拟合工具箱（curve fitting toolbox）通过编写相应的流变模型公式对流变试验数据进行拟合。曲线拟合工具箱内置优化算法主要包括信赖域（trust region）优化算法及 Levenberg-Marquardt（利文贝格-马夸特）算法等。本节以岩样三分级加载流变试验结果为例，对分数阶微积分改进流变模型参数进行辨识，具体过程如下。

1）t=0 时刻，岩石存在瞬时变形，此时瞬时弹性模量 E_0 可以通过岩石三轴流变试验求得。

2）对于未出现加速流变阶段流变曲线，除瞬时弹性模量 E_0 外，还包括黏弹性模量 E_1、黏性系数 η_1。由于常规 Burgers 模型对岩石流变前两阶段适应性较强，通过常规 Burgers 模型公式进行拟合求得未知参数。

3）当循环侵水-失水作用下出现加速流变阶段时，除瞬时弹性模量 E_0 外，还包括黏弹性模量 E_1、黏性系数 η_1、分数阶黏性系数 η_2^{γ}、分数阶微分的阶次 γ（$0<\gamma<1$），Weibull 分布参数 n、m。利用曲线拟合工具箱进行拟合获得参数最优解。

根据不同循环侵水-失水作用下岩石三轴流变试验曲线特征，发现岩样三与岩样四流变特性相似。下面以岩样三流变模型与流变试验结果对比为例进行具体分析，如图 5.17～图 5.22 所示。

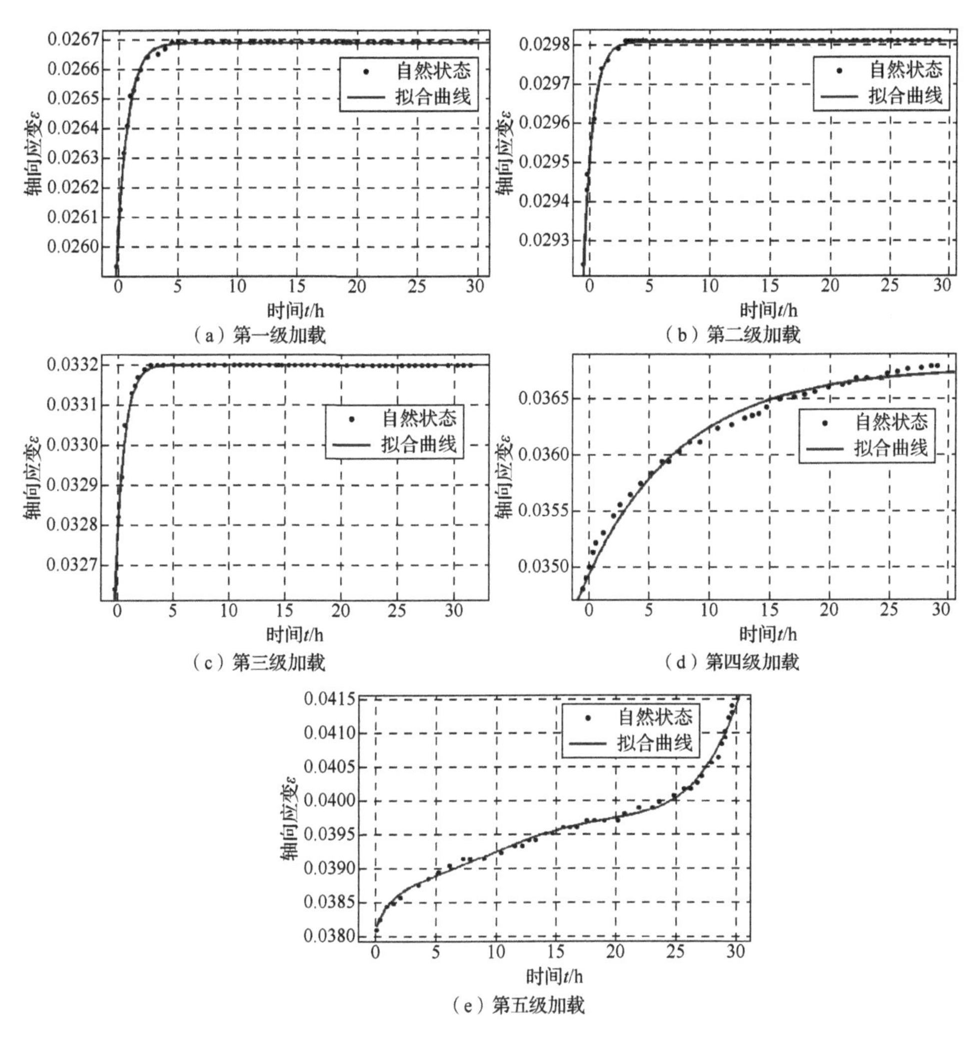

（a）第一级加载

（b）第二级加载

（c）第三级加载

（d）第四级加载

（e）第五级加载

图 5.17 自然状态下流变模型与流变试验结果对比

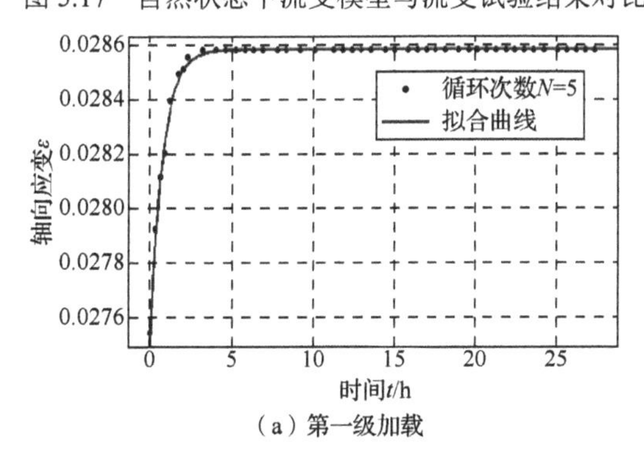

（a）第一级加载

图 5.18 循环次数 N=5 时流变模型与流变试验结果对比

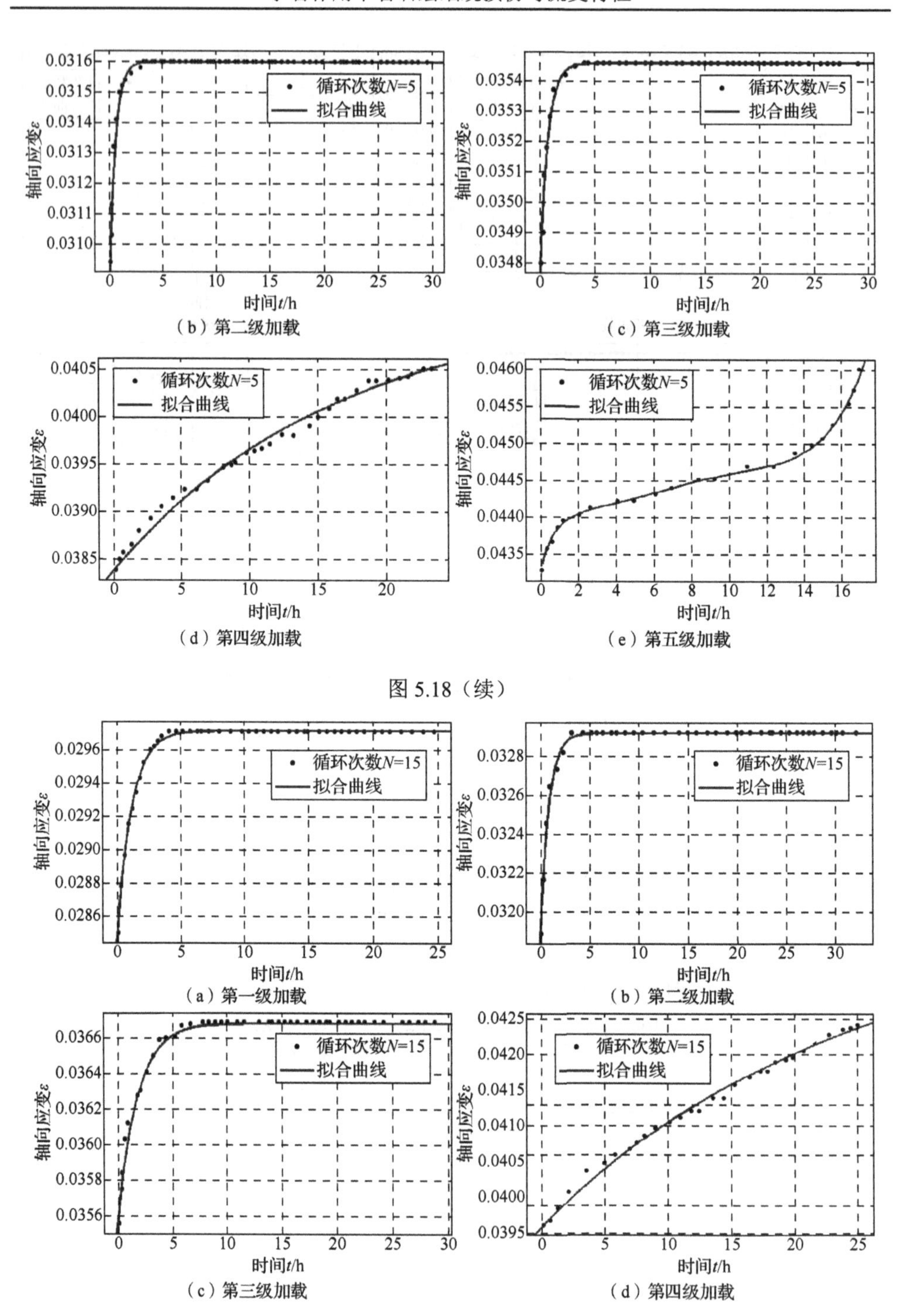

图 5.18（续）

图 5.19　循环次数 N=15 时流变模型与流变试验结果对比

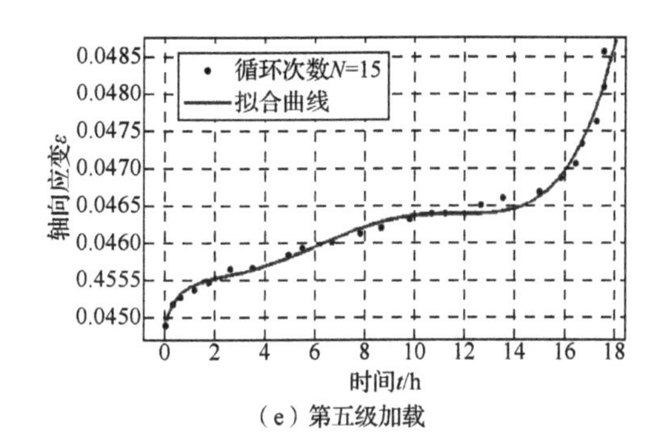

（e）第五级加载

图 5.19（续）

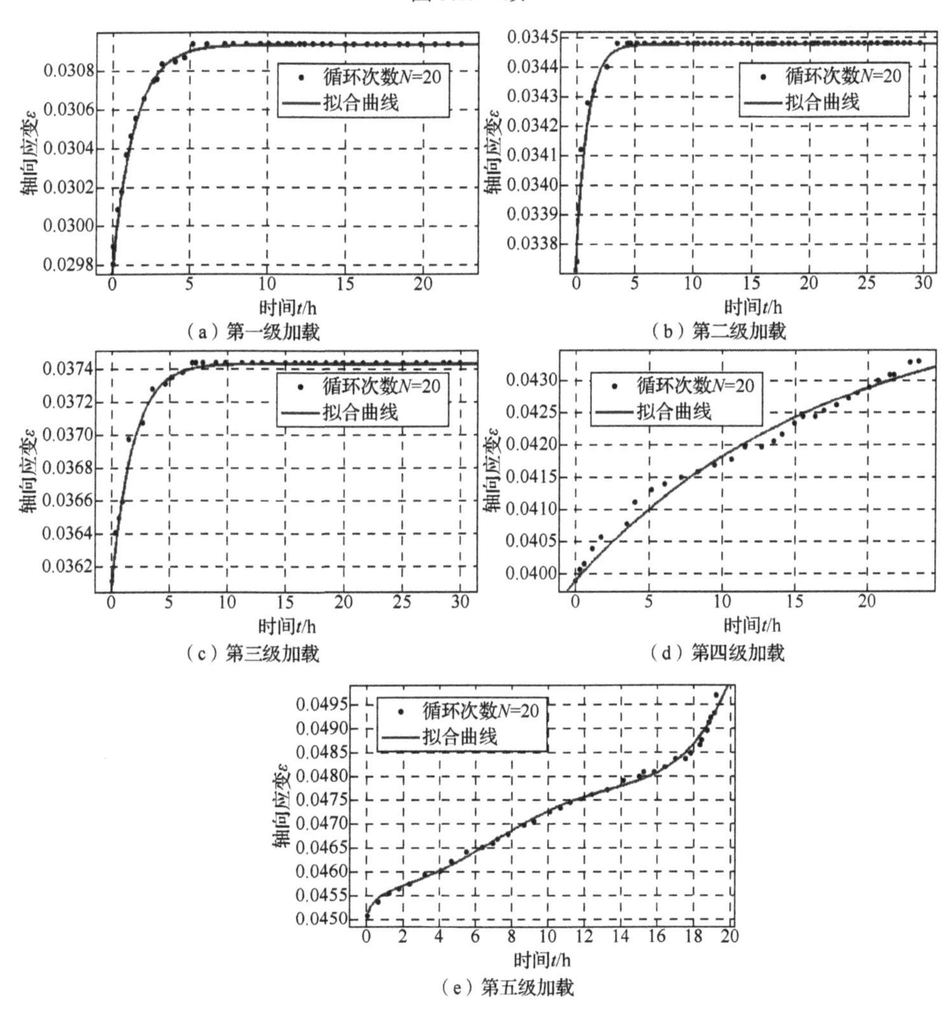

（a）第一级加载　　（b）第二级加载

（c）第三级加载　　（d）第四级加载

（e）第五级加载

图 5.20　循环次数 N=20 时流变模型与流变试验结果对比

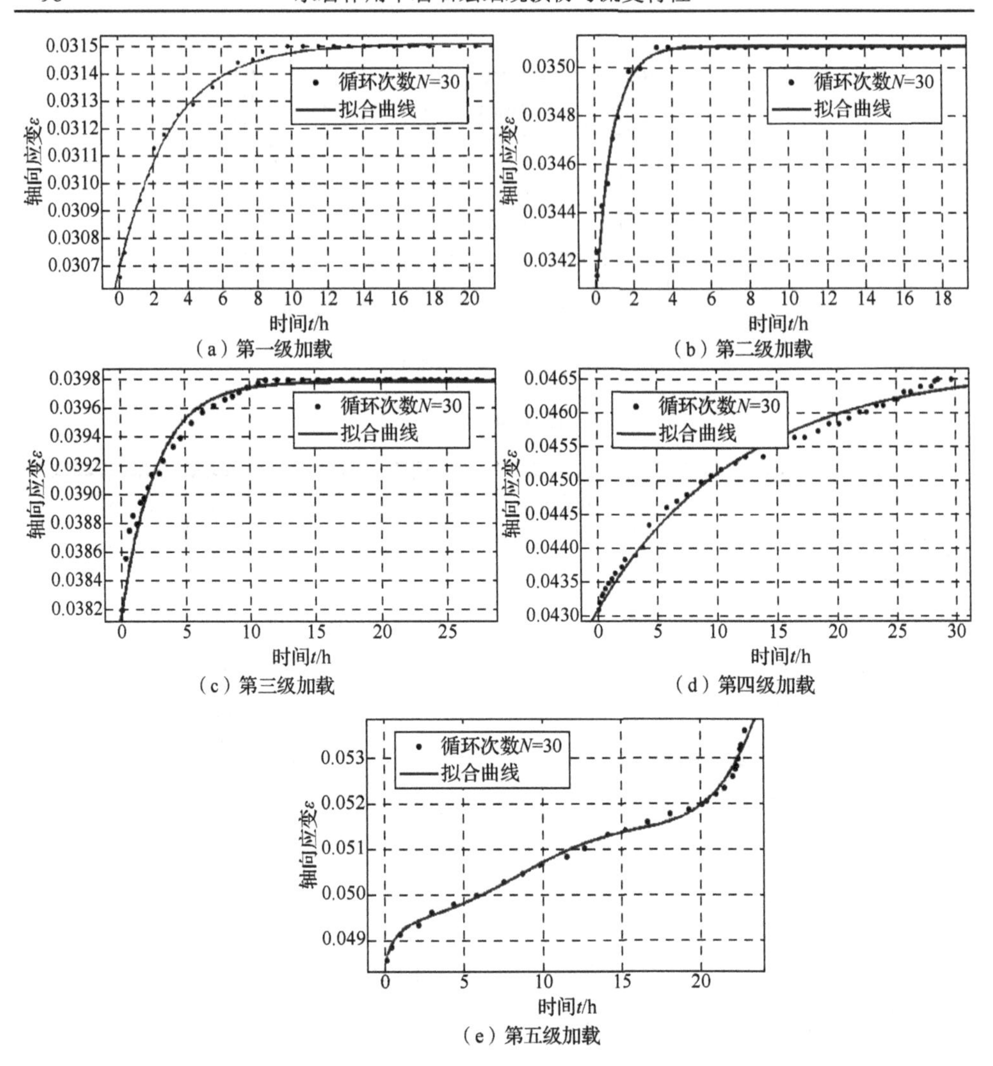

（a）第一级加载　　（b）第二级加载

（c）第三级加载　　（d）第四级加载

（e）第五级加载

图 5.21　循环次数 N=30 时流变模型与流变试验结果对比

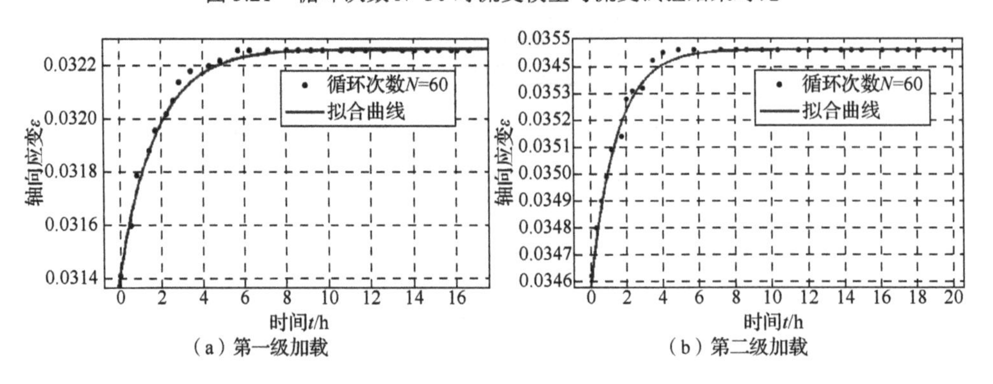

（a）第一级加载　　（b）第二级加载

图 5.22　循环次数 N=60 时流变模型与流变试验结果对比

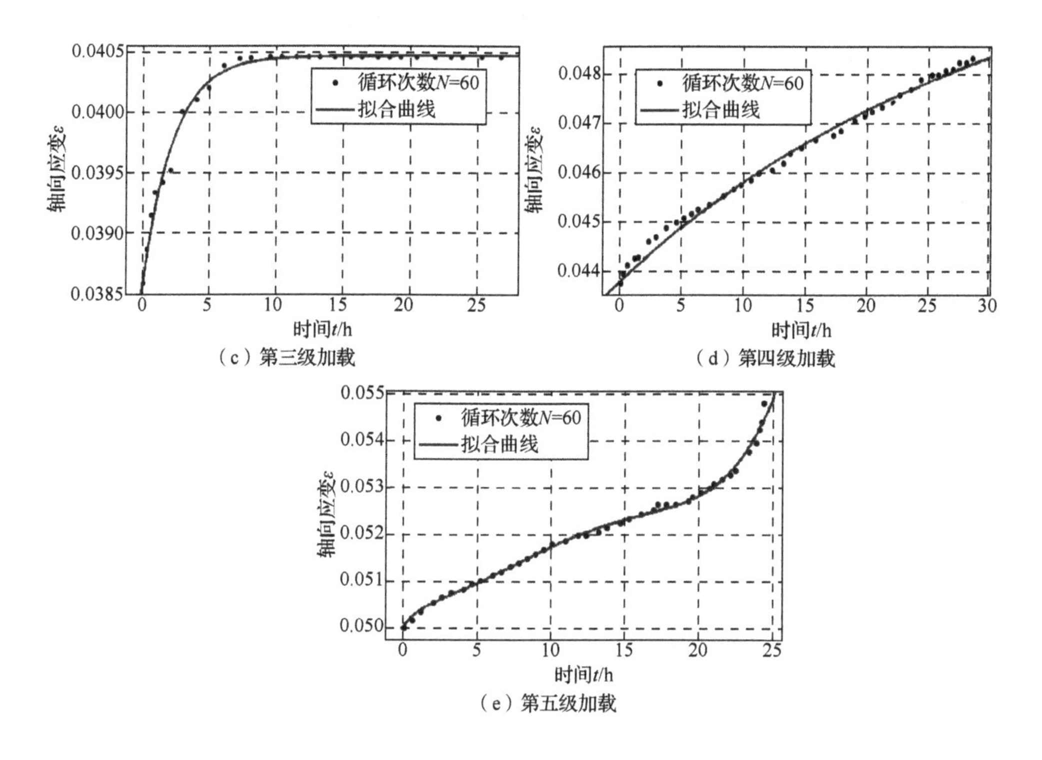

（c）第三级加载

（d）第四级加载

（e）第五级加载

图 5.22（续）

2. 模型参数变化规律

根据利用分数阶微分理论建立的岩石流变损伤模型，实现对不同循环侵水-失水作用下岩石分级加载流变曲线的拟合，得到流变模型参数。不同循环侵水-失水作用下分数阶微积分改进流变模型参数辨识结果如表 5.9～表 5.14 所示。

表 5.9　自然状态下流变模型参数

分级荷载/MPa	E_0 / GPa	E_1 / GPa	η_1 /（GPa·h）	η_2^γ /（GPa·h）	n	m	γ	R^2
12.50	0.483	15.86	13.91					0.994
16.50	0.565	27.12	20.22					0.984
24.60	0.755	40.85	30.13					0.986
32.20	0.987	16.24	156.21					0.982
42.30	1.11	2.42	36.27	6.74	16.96	2.85	0.21	0.995

表 5.10　5 次循环侵水-失水作用下流变模型参数

分级荷载/MPa	E_0 / GPa	E_1 / GPa	η_1 /（GPa·h）	η_2^γ /（GPa·h）	n	m	γ	R^2
10.00	0.363	9.28	9.02					0.992
13.20	0.427	18.94	12.49					0.986
19.60	0.563	29.79	21.40					0.968
25.80	0.672	9.12	131.23					0.988
33.80	0.781	1.39	21.85	1.58	11.38	2.96	0.18	0.996

表 5.11　15 次循环侵水-失水作用下流变模型参数

分级荷载/MPa	E_0 / GPa	E_1 / GPa	η_1 /（GPa·h）	η_2^γ /（GPa·h）	n	m	γ	R^2
7.50	0.263	6.18	7.00					0.988
9.90	0.310	9.72	8.40					0.979
14.80	0.415	13.69	18.20					0.993
19.30	0.487	4.40	111.06					0.993
25.40	0.566	0.71	6.33	0.982	9.19	3.15	0.16	0.979

表 5.12　20 次循环侵水-失水作用下流变模型参数

分级荷载/MPa	E_0 / GPa	E_1 / GPa	η_1 /（GPa·h）	η_2^γ /（GPa·h）	n	m	γ	R^2
5.00	0.167	4.41	5.72					0.991
6.60	0.195	6.84	6.70					0.989
9.80	0.271	7.36	13.29					0.998
12.90	0.323	3.00	50.58					0.980
16.90	0.375	0.638	6.13	0.846	8.87	3.30	0.15	0.994

表 5.13　30 次循环侵水-失水作用下流变模型参数

分级荷载/MPa	E_0 / GPa	E_1 / GPa	η_1 /（GPa·h）	η_2^γ /（GPa·h）	n	m	γ	R^2
3.30	0.107	4.08	5.03					0.995
4.20	0.124	4.25	5.56					0.986
6.50	0.170	5.26	11.59					0.971
8.60	0.199	2.41	29.26					0.991
11.30	0.232	0.294	3.59	0.518	8.73	3.50	0.15	0.995

表 5.14　60 次循环侵水-失水作用下流变模型参数

分级荷载/MPa	E_0 / GPa	E_1 / GPa	η_1 /（GPa·h）	η_2^γ /（GPa·h）	n	m	γ	R^2
2.20	0.071	2.55	4.59					0.990
2.90	0.083	3.37	4.98					0.991
4.40	0.113	2.36	5.39					0.990
5.50	0.125	0.753	23.27					0.991
7.30	0.146	0.275	3.26	0.476	7.99	3.70	0.14	0.996

根据岩石分数阶微分流变损伤模型参数辨识结果，瞬时弹性模量 E_0、黏弹性模量 E_1、黏性系数 η_1、分数阶黏性系数 η_2^γ 等流变模型参数均随着侵水循环次数的增加而逐渐减小，并且瞬时弹性模量 E_0、黏弹性模量 E_1、黏性系数 η_1、分数阶黏性系数 η_2^γ 等参数值最终趋于一致，如图 5.23 所示。Weibull 分布参数 n 随着循环侵水-失水次数的增加逐渐减小，位置参数 n 只会影响曲线的起始位置，并不会对曲线形态产生影响；Weibull 分布参数 m 随着循环侵水-失水次数的增加逐渐增大，但是其值变化幅度相对较小，参数 m 影响曲线的分布形态，说明循环侵水-失水作用下岩石加速蠕变曲线形态相似，并未产生大幅度变化。分数阶微分的阶次 γ 随着循环侵水-失水次数的增加逐渐减小，但减小幅度较小，由 0.21 减小至 0.14。根据不同循环侵水-失水作用下岩石损伤流变模型参数辨识结果，可以得到循环侵水-失水作用对岩石力学性质产生弱化影响，与本文研究得到的循环侵水-失水作用对岩石的宏观强度产生损伤，岩石的内部细观结构出现孔隙、裂隙的发育等结论一致。

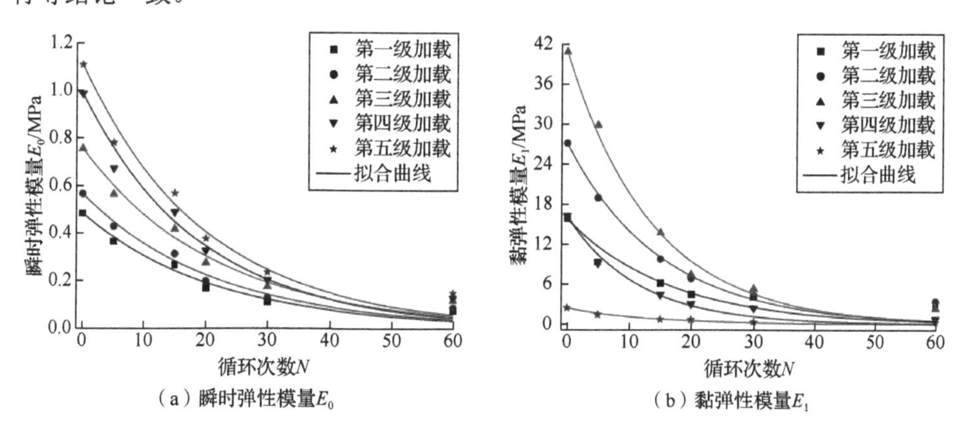

（a）瞬时弹性模量E_0　（b）黏弹性模量E_1

图 5.23　流变模型参数与循环次数的关系

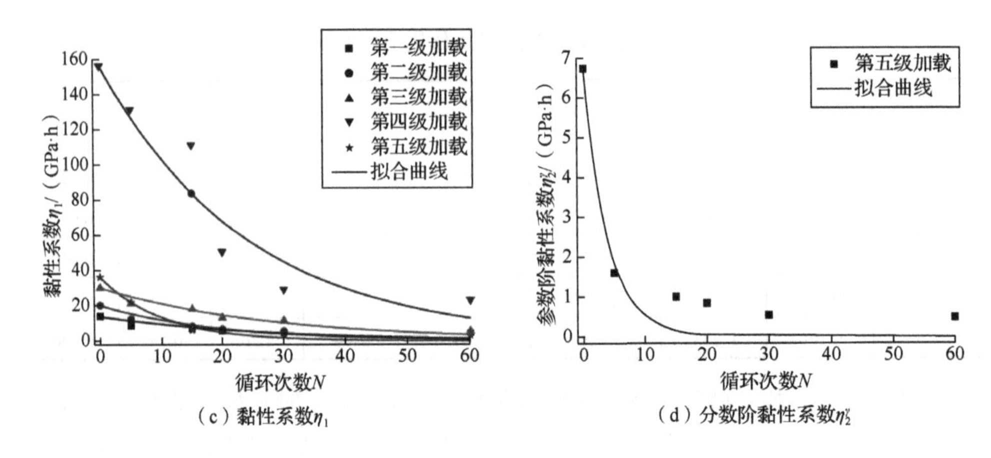

（c）黏性系数η_1　　（d）分数阶黏性系数η_2^γ

图 5.23（续）

对于流变模型参数与循环次数的关系，分别以自然状态下流变参数值作为初始值，循环次数为自变量，建立流变模型参数随循环次数变化的演化方程，结果如表 5.15 所示。

表 5.15　流变模型参数随循环次数变化的演化方程

分级加载	瞬时弹性模量 E_0	R^2	黏弹性模量 E_1	R^2
第一级	y=0.483exp(−0.049·N)	0.974	y=15.86exp(−0.0616·N)	0.892
第二级	y=0.565exp(−0.0467·N)	0.973	y=27.12exp(−0.0664·N)	0.980
第三级	y=0.755exp(−0.0461·N)	0.973	y=40.85exp(−0.0733·N)	0.991
第四级	y=0.987exp(−0.0529·N)	0.969	y=16.24exp(−0.0888·N)	0.977
第五级	y=1.110exp(−0.0506·N)	0.972	y=2.42exp(−0.7930·N)	0.956
分级加载	黏性系数 η_1	R^2	分数阶黏性系数 η_2^γ	R^2
第一级	y=13.91exp(−0.0379·N)	0.856		
第二级	y=20.22exp(−0.0528·N)	0.828		
第三级	y=30.13exp(−0.0356·N)	0.941		
第四级	y=156.2exp(−0.0415·N)	0.911		
第五级	y=36.27exp(−0.0999·N)	0.981	y=6.74exp(−0.260·N)	0.934

考虑 Burgers 流变模型难以描述岩石加速流变阶段的缺陷，利用 Abel 黏壶代替牛顿体，得到循环侵水-失水作用下岩石损伤流变模型；根据模型曲线与流变试验结果对比分析，发现循环侵水-失水作用下岩石损伤流变模型能够较好地描述循环侵水-失水作用下岩石流变曲线特征。利用曲线拟合工具箱通过编写相应的流变模型公式对流变试验数据进行拟合，得到不同循环侵水-失水作用下流变模型参

数。根据损伤流变模型参数辨识结果，可以得到循环侵水-失水作用对岩石流变模型参数产生弱化影响，岩石流变模型瞬时弹性模量、黏弹性模量、黏性系数、分数阶黏性系数等参数均逐渐减小。根据流变模型参数与循环次数的数值关系，流变模型参数随循环次数变化的演化方程可表示为$y=a\exp(-b\cdot N)$。

5.4 小 结

本章综合考虑循环侵水-失水作用对岩石损伤以及岩石加速流变阶段力学损伤的影响，引入分形维数损伤变量D_f以及统计损伤变量D_m，并基于分数阶微分理论对流变本构模型进行了改进。根据流变理论模型与试验结果对比分析，改进流变模型能够较好地描述循环侵水-失水作用下岩石流变曲线特征。通过对流变模型参数辨识，得到流变模型参数随循环次数变化的演化方程为$y=a\exp(-b\cdot N)$。

6 水岩作用下露天矿坑尾矿库边坡长期稳定性分析

水位上升以及循环升降对边坡岩体造成了破坏，边坡长期稳定性研究就显得尤为重要。边坡长期稳定性研究的意义在于根据现有研究成果确定边坡在目前状态下经历多久可能发生破坏。然而岩体的流变行为是一个非常复杂的过程，由于理论支撑的限制、试验环境影响等原因，很难完全掌握岩体的流变力学行为。本章从室内试验入手以掌握典型岩石的流变行为，进而建立能够描述这种力学行为的本构模型；在此基础上分析三山岛仓上金矿露天矿坑边坡的长期稳定性，这对于预测边坡安全也是有实际意义的。本章以三山岛仓上金矿露天尾矿库为工程背景，在室内试验的基础上通过对改进 Burgers 模型的二次开发应用，首先进行模型参数反演分析，然后分析 503 勘探线和 487 勘探线边坡的长期稳定性。

6.1 仓上金矿露天尾矿库工程背景

6.1.1 仓上金矿露天尾矿库区域地质环境

1. 地理位置

仓上金矿露天尾矿库位于山东省莱州市三山岛境内，东邻山东半岛东西向交通大动脉烟潍公路 15km，南距莱州市区 25km，北临国家一级开放口岸百万吨级码头——莱州港 2.5km，现有“文三公路”与“城三公路”在此交会，多条铁路贯穿境内，地理位置优越，水陆交通十分便利。仓上金矿地理坐标为：东经 119°53′38″～119°54′51.2″；北纬 37°20′58.9″～37°21′44.4″，面积为 2.52km^2。

2. 地形地貌

仓上金矿位于胶东隆起的西缘。该区域为新生界地层，地面海拔高度为 2～60m，地势东高西低，南高北低，最低点位于三山岛附近，海拔不足 2m，最高点位于卢家附近，海拔为 76.2m。

仓上金矿由于露天开采，现已形成高陡岩质边坡，矿坑最高点海拔为 4m，最低点位于坡底，海拔为-193m，相对高差近 200m，属于超高陡岩质边坡。

6.1.2 仓上金矿露天尾矿库地层特征

该区域属华北地层大区（V）、晋冀鲁豫地层区、鲁东地层分区胶东地层小区。出露地层主要为新生界第四系，只在仓上村北有孤立的花岗岩露头。

矿区地层主要为新太古代胶东岩群（Ar_{3j}）和后期地壳稳定后沉积的第四纪沉积物，厚度一般在10m左右，边坡北帮地表沉积为6～8m。岩性自上而下为：中粗砂，厚度3m左右；淤泥质亚黏土，厚度5m左右；粉砂、细砂，厚度2m左右。土为钻机钻探蚀变带部灰色粉末状土体。

6.1.3 仓上金矿露天尾矿库地质构造特征

1. 断层结构面性质

仓上断裂带的生成和发展受区域构造活动的制约，格局构造活动与矿化的时间关系，可分为三个阶段，即成矿前、成矿期和成矿后构造活动。

经过如此复杂的构造运动之后，矿区内形成了大量的断层，主要对北帮边坡范围的断层进行详细分析。经统计，矿区内发育的断层多达近40条，但近顺坡向的大规模断层仅有F31断层和3#蚀变带两条。

F31断层位于采场的中部，倾向为124°～198°，倾角为42°～75°，出露长度为1000m，分布于整个矿坑，属于压扭性质。3#蚀变带主裂面平面图如图6.1所示。F31断层及3#蚀变带在483～511勘探线地质剖面位置如图6.1～图6.3所示。

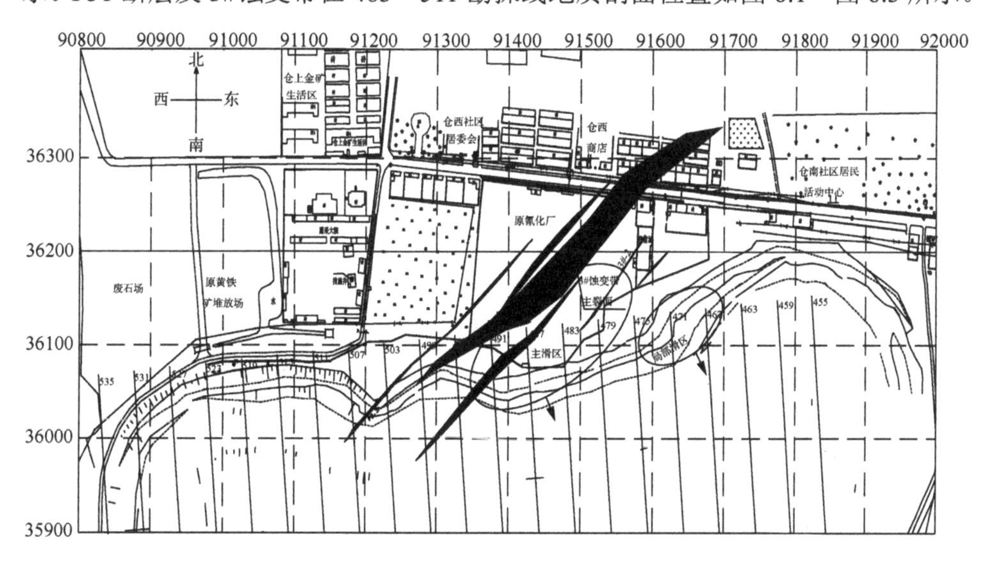

图6.1 3#蚀变带主裂面平面图（单位：mm）

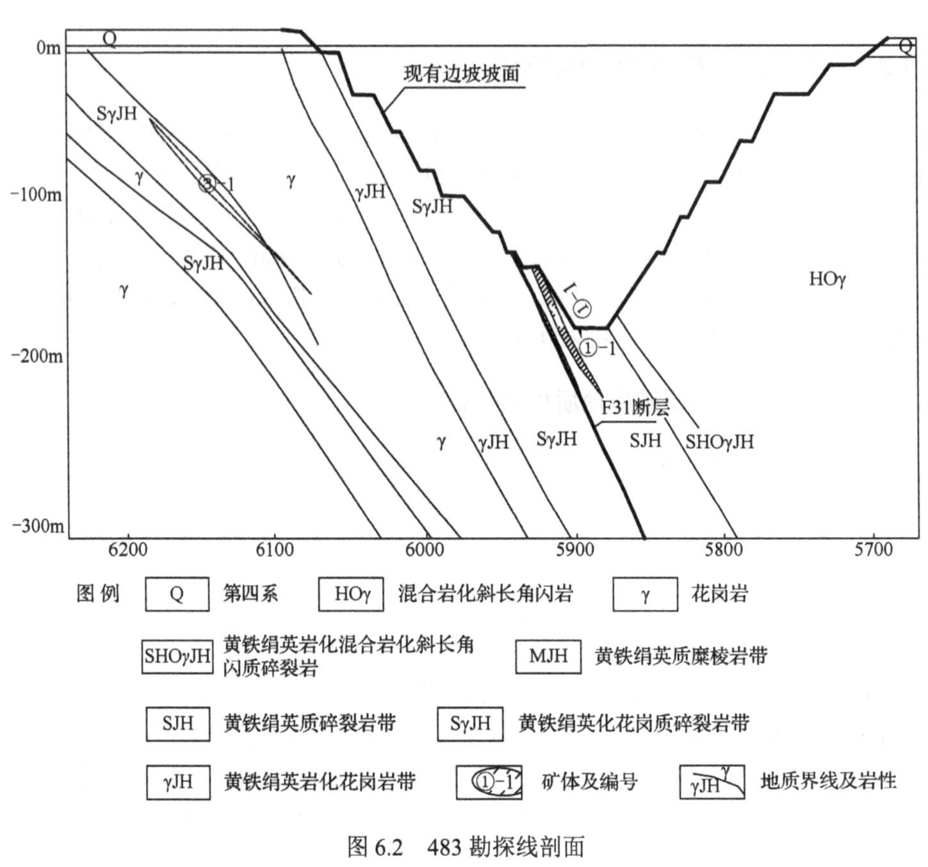

图 6.2　483 勘探线剖面

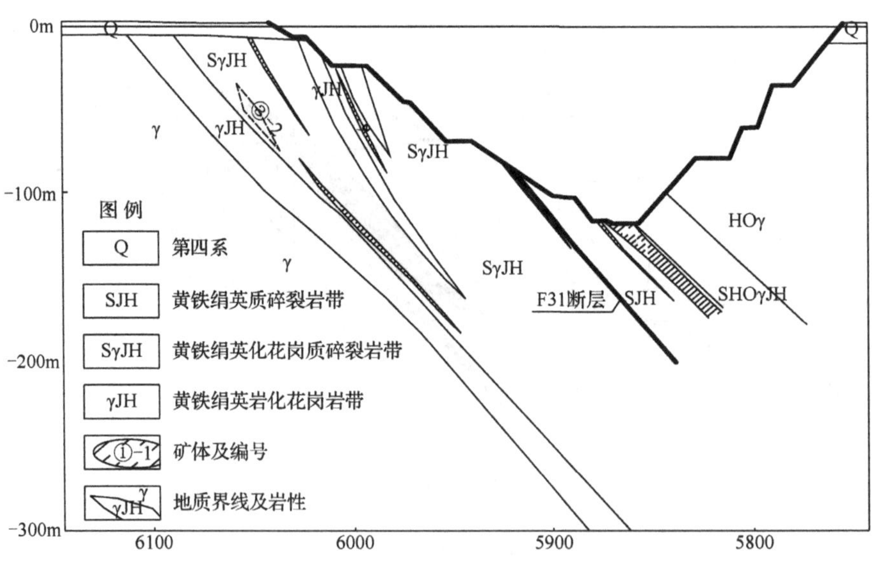

图 6.3　503 勘探线剖面

2. 断裂蚀变带

（1）蚀变带的形成

仓上金矿区域在热液成矿作用下，近矿围岩与热液发生反应，产生一系列旧物质被新物质代替的交代作用，致使围岩的化学成分、矿物成分以及结构、构造等均遭到不同程度的改变，形成蚀变带。矿坑范围内主要分布3#断裂蚀变带，为影响北帮边坡稳定和氰冶厂区安全的最重要的构造破碎带。

（2）3#蚀变带地质特征

3#蚀变带位于矿区以北的氰冶厂区及507勘探线之间，并从氰冶厂区内通过；其走向在氰冶厂区内为北东向，厂区以西为北东向，倾向南东，倾角为50°左右，向深部有变陡的趋势；走向长约为400m，宽约为10～20m，为影响北帮边坡稳定的最重要的一条构造破碎带。带内岩石为黄铁绢英岩化碎裂带，在钻孔过程中呈现出的较为明显的淤泥质亚黏土，破碎状、粉末状的砂石如图6.4、图6.5所示。由此可以看出带内岩石岩性之差，多为变余碎裂结构、块状构造，其主要由绢云母、石英、黄铁矿等矿物组成，黄铁矿以斑晶状、细脉状夹于岩石中。岩石受晚期构造活动的影响而破碎，并伴有高岭土化，黄铁矿化呈星状或团块状，矿化不均一，局部蚀变较强，黄铁矿多已破碎或呈粉末状。

图6.4　淤泥质亚黏土图

图6.5　粉砂、细砂图

3#蚀变带（图6.6）赋存于花岗闪长岩之内，其岩性是绢英岩化花岗岩和黄铁绢英岩化花岗质碎裂岩。3#蚀变带由③-1和③-2两条蚀变带组成，且分别赋存于两个层位不同的黄铁绢英岩化花岗质碎裂岩内，而黄铁绢英岩化花岗质碎裂岩的顶底板岩石都是绢英岩化花岗岩。蚀变带受断裂控制，其规模、形态、产状与断裂一致，断裂走向为NE40°～50°，倾向南东，倾角为45°～50°，矿体位于主断裂上盘，两矿体均受两条糜棱岩构造带控制，构造处有1～3cm的黑色断层泥，糜棱岩带厚度不一。③-2控矿糜棱岩带下盘为花岗岩，③-1控矿糜棱岩，带上盘为绢英岩化花岗岩，两带之间为绢英岩化花岗岩和黄铁绢英岩化花岗质碎裂岩。③-2矿体赋存产状与构造带一致，矿体形态简单，岩石破碎，中等稳固，且矿化极不均匀。

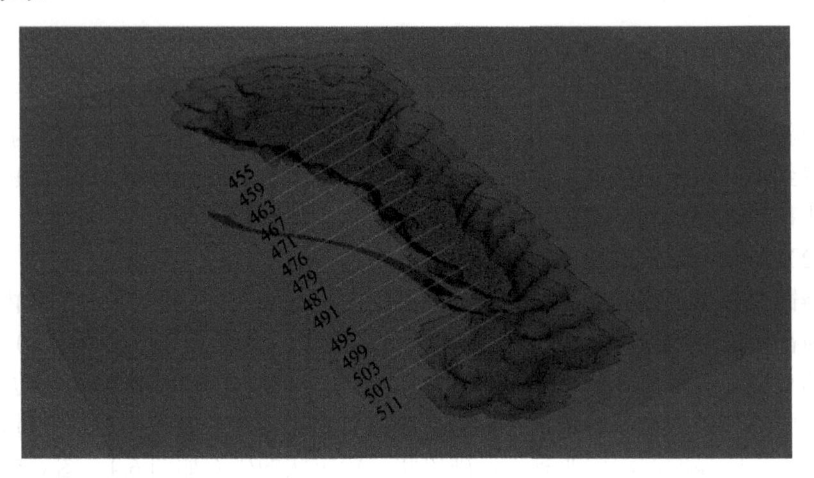

图 6.6　3#蚀变带主裂面三维图

3#蚀变带的底部有一层断层泥。断层泥厚度一般为 5～15cm，呈灰白色，局部呈灰色。灰白色断层泥多含角砾，为碎裂带岩质，灰色断层泥较纯，内含有破碎的黄铁矿。从蚀变带的产状和发育规模分析其对边坡稳定性的影响，得知 3#蚀变带为顺坡向，走向为东北向，在氰冶厂区与边坡走向斜交，故引起边坡失稳的破坏面为楔形状，并非顺层平面滑动，且仅对发育长度内的边坡稳定性有影响。从剖面上看（图 6.2、图 6.3），3#蚀变带虽然为顺坡向，但由于其倾角较陡，因而其对边坡稳定性的影响应为局部发生失稳。

边坡岩体的稳定性受岩石的岩性、强度、构造、地下水位的高低、结构面的产状和位置、爆破震动等因素影响。对于岩质边坡而言，结构面的产状和位置对边坡稳定性起控制作用。特别是顺倾边坡，当边坡倾角大于结构面摩擦角而小于岩体的摩擦角时，很可能会沿结构面发生滑坡现象。

综上所述，矿区内发育的断层虽然较多，但近顺坡向的大规模的断层主要是 3#蚀变带和 F31 断层两条。其中 F31 断层位于采场的中部，在矿山的开采过程中始终位于北帮边坡的坡角以下，对北帮边坡和氰冶厂区的稳定性影响较小。因此，矿区内影响北帮边坡和氰冶厂区安全的主要构造是 3#蚀变带。

6.1.4　仓上金矿露天尾矿库水文概况

1. 地表水系、水体

矿坑区域内的地表水系比较发育，主要有王河、朱桥河、龙王河、上官河四条河流。其中王河、朱桥河的规模较大，是该区域的主要河流。地表水体是西、北部的渤海，地表没有大的淡水体。

渤海海平面是当地的最低侵蚀基准面。仓上金矿矿坑全部埋藏在当地侵蚀基准面之下。矿坑距渤海的最小距离只有 3km。从矿坑与海水的相对位置看，海水对矿区地下水可能产生较大的影响，但根据已有的资料证实，海水与矿坑的涌水没有联系。

2. 岩层（体）水文特征

矿坑区域内主要有两大类岩层（体）：第四系松散岩层和斜长角闪岩为主的岩浆岩、变质岩，第四系主要分布在浅部。东部主要为残、坡积及冲洪积层，富水性中等或较弱；西部则以海积和冲积层为主，透水性、富水性较好。岩浆岩、变质岩少部分出露地表，绝大部分埋藏在第四系之下。该层的顶部受风化作用强烈，富水性中等或较弱，深部的富水性不均匀，主要受区域地质构造的控制，断裂带的附近，岩石的富水性相对较好，其他大部分地区富水性较弱或为隔水岩体。

区域的非含水层主要是指东部丘陵区表层的第四系残坡积、坡洪积层及少量冲洪积层，隔水岩体是指深部的花岗岩体。非含水层分布在本区东部的乌盆吕家、王贾村、后苏、诸流、苗家、张官庄、城子埠一带，覆盖在风化裂隙含水层之上；厚度为 0.5～22m；由含砾中粗砂、亚砂土、亚黏土组成；岩石的透水性较差，地下水已被疏干，是大气降水补给基岩地下水的主要通道。当大气降水充足时，可以转化成含水层。

隔水岩体主要分布在花岗岩风化裂隙含水层之下，厚度大于 500m。深部的花岗岩由于硬度较大，构造裂隙不太发育，岩石的透水性、富水性均较差，单位涌水量小于 0.001L/（s·m）。

3. 区域断裂水文地质特征

（1）区域断裂的分布

区域比较大的断裂有五条。它们分别是：三山岛断裂破碎带、焦家断裂破碎带、麻渠断裂带、西由断裂带、后邓断裂带。

焦家断裂破碎带分布在矿坑区域的东部，规模很大，属压扭性断裂带。走向为 10°～50°，倾向西北，倾角为 29°～56°，工作区内断裂带的长度约为 22km，在焦家村附近断裂带的宽度最大，可达 350m。朱桥以北地区断裂带沿胶东群变质岩和花岗岩的接触带分布，朱桥以南断裂带发育在花岗岩及胶东群变质岩中。断裂带附近是深部基岩较好的富水部位，下盘地下水在断裂带附近具有承压特征。

麻渠、西由、后邓三条断裂带分布在矿坑区域的中部，发育在胶东群变质岩中。根据区域构造应力分析：北部的西由、后邓两条断裂带应属压扭性，南部的麻渠断裂带应属张扭性。断裂带的两侧构造裂隙发育，透水性、富水性中等，是深部基岩较好的富水部位。

（2）三山岛断裂破碎带的水文地质特征

三山岛断裂破碎带分布在区域西部沿海的仓上—三山岛一带。断裂带沿胶东群变质岩和花岗岩的接触带分布，属压扭性断裂。产状变化较大，仓上以北，走向为 10°～25°，倾向南东，倾角为 60°～75°；仓上以南，走向为 80°～85°，倾向南东，倾角为 45°～50°，宽度一般在 40～200m，深度大于 500m。断裂带的中间部位不透水，分布连续，是良好的隔水带，两侧构造裂隙较发育，是较好的富水部位。由于岩层所处的构造部位不同，构造带的破碎程度、宽度不同，其富水性也有一定的差异。北部的三山岛附近富水性较好，单位涌水量为 2.767～4.8603L/（s·m），渗透系数为 0.0687～0.4535m/d。仓上附近富水性较差，单位涌水量为 0.0008～0.1662L/（s·m），渗透系数为 0.003～0.1100m/d。地下水具有承压、半承压性质。

4. 地下水与地表水之间的水力联系

根据动态观察资料，矿坑地下水的残留水头很大，从矿坑基岩地下水与海水的分布与接触看，二者有发生水力联系的可能性，但通过钻孔抽水、水质分析、动态观测、地下水铀同位素等资料分析，可以断定矿坑周围岩体地下水与海水间不发生明显的水力联系。

从目前来看，仓上矿区矿坑涌水量为 1700m^3/d。矿坑排水主要疏干影响范围内的第四系孔隙水和脉状构造裂隙水。初步估算，矿坑的形成可能疏干矿坑周围约 1.5m^2 的脉状构造裂隙水，使其地下水位降低约 150m。由于矿区周围无大的供水源地，矿坑排水对第四系松散岩类孔隙水影响小。因此，预测矿坑排水对地下水环境影响很小。

6.1.5 仓上金矿露天尾矿库边坡现状研究

仓上露天矿从 2003 年开始，露天开采接近尾声，2006 年闭坑之后进入北部措施井开采，对露天矿的矿山资源进行残采。其间，于 2009 年对露天采坑进行生产探矿，共建有-50m、-90m、-130m、-170m 四个探矿平硐，并建有一措施井，位于露天采坑北侧约 90m，井底标高-170m，该措施井已于 2012 年闭井。

目前仓上露天采坑为深凹露天采坑，地表标高+3.5～+5.0m，东西长 1200m，南北宽 390m；坑底最深位置标高-185.0m，东西长 220m，南北宽 32m。第四系边坡角为 45°，台阶边坡角约为 68°，形成总边坡角约为 50°。

三山岛仓上金矿原有 8000t 选矿厂，年处理矿石 360 万 t，但除掉井下充填，每年仍剩余约 150 万 m^3 固体尾矿需要处理。为了减少新建尾矿库的投入，同时为了充分利用露天矿坑，经专家论证，于 2013 年开始，将仓上露天矿坑作为新的尾矿库使用。由于该尾矿库建设工程是以露天采坑作为尾矿库，不建设尾矿坝，库容为露天采坑容积，约为 2700 万 m^3。尾矿库库容如表 6.1 所示。

表 6.1　尾矿库库容表

标高/m	等高线面积/m^2	相邻等高线间库容/万 m^3	累计库容/万 m^3
-185	3097	0	0
-160	18040	26	26
-130	45110	95	121
-115	82778	96	217
-90	124674	259	476
-80	147545	136	612
-70	179255	163	776
-60	204669	192	968
-50	231833	218	1186
-40	262937	247	1433
-30	285415	274	1708
-20	303927	295	2002
-10	341711	323	2325
0	416343	379	2704

仓上露天矿坑于 2013 年 4 月 1 日正式开始充填尾矿，此时测得矿坑水面标高为-110m，坑内积水约为 400 万 m^3。为了提高洗矿水的利用效率，2014 年 1 月 23 日设置流量为 $200m^3/h$、$400m^3/h$、$500m^3/h$ 三台水泵组成洗矿水的循环系统，2018 年 3 月将流量为 $200m^3/h$、$400m^3/h$ 的两台水泵用流量为 $600m^3/h$ 的水泵替换；截至 2019 年 11 月，总回水量约为 1750 万 m^3，环保效果明显。截至 2019 年 11 月，充入尾矿库尾矿（水固混合物，固体物占总体积的 30%）总量已达到 1188 万 m^3，其中固体物总量约为 324 万 m^3，水约为 864 万 m^3，使矿坑内的水位达到了-53.68m，累积库容量达到 1100 万 m^3，水位对比图如图 6.7 所示。

（a）2013 年 4 月矿坑水位

（b）2016 年 10 月矿坑水位

图 6.7　矿坑水位变化对比图

（c）2019 年 9 月矿坑水位

图 6.7（续）

目前，坑内只有五分之一的固体物，而且绝大部分分布于矿坑东部。西路充填管路已于 2016 年 9 月建成，目前作为备用，还没有开始充填。经测定，目前矿坑水位依然保持在较高的水位，尾矿库设计为-59m，满足 8000t 选矿厂 10 年的充填任务，可以看出固体物库容是足够的，但是多余的水仍是一个需要解决的问题。下一步需要深入研究水位上升速度、固体物分布等。

仓上露天金矿边坡以北 150～200m 范围内现有建筑物和公路穿过，边坡坡面局部有滑移现象，滑移区西部为耕地。边坡坡顶则发生大面积滑移，其中裂缝 A 方向为边坡滑移走向方向，裂缝 B 方向为边坡滑移倾向方向，裂缝 A 和裂缝 B 交点沿走向和倾向至矿坑北边缘的直线距离分别为 150m 和 155m，如图 6.8、图 6.9 所示。

图 6.8　491 剖线位置及滑坡现状

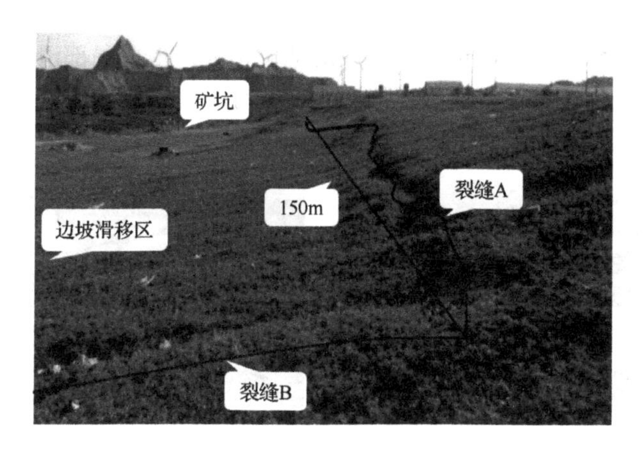

图 6.9　坡顶滑坡现状

根据现场实地考察，北坡坡顶多处出现拉裂裂缝，裂缝宽度在 50～70cm，如图 6.10 所示；边坡最大沉降量达 2m，如图 6.11 所示。

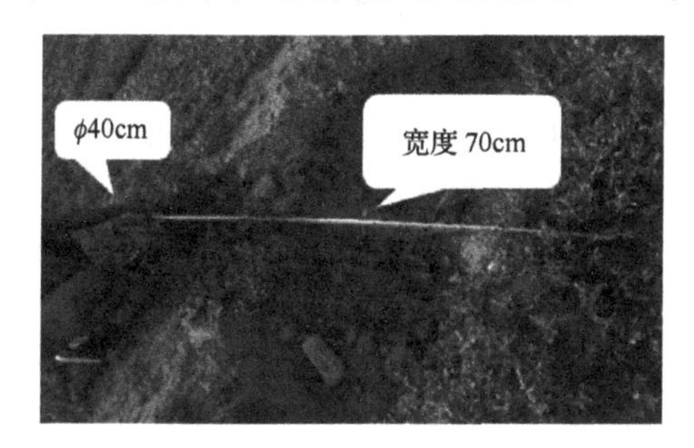

图 6.10　坡顶拉裂裂缝图

图 6.11　主滑区滑动现状

边坡岩体发生缓慢变形和沉降，当变形累计超过边坡上部建筑物的保持稳定极限时，就会造成建筑物的变形和开裂，如图 6.12 所示。

图 6.12　边坡滑移影响范围内建筑物

北帮边坡东侧靠近矿坑处为混凝土地面，受局部滑区影响，此处发生众多拉裂裂缝，混凝土地面破坏严重，且边坡滑动位移大，形成局部滑区，严重影响边坡局部稳定性安全。局部滑坡破坏如图 6.13 所示。

图 6.13　局部滑坡破坏图

针对上述科学问题，本文以水岩作用下的代表岩样为研究对象，采用试验研究和理论分析相结合的方法，较为全面地分析干湿循环条件下岩石宏细观力学强度变化以及流变特性变化规律，并阐述其产生劣化效应的机制；同时，针对露天矿坑存在的安全隐患和滑坡威胁，依据发明专利“用于露天矿坑尾矿库边坡滑坡预警的动态监测系统及方法”（专利号：CN106405675A），建立露天矿坑边坡滑坡预警的动态监测系统，保证露天矿坑的正常运行。研究内容对相关岩土工程的安全性设计及参数选取有一定的参考价值，在一定程度上也可对岩石力学理论体系进行有益的补充。接下来将选取三山岛仓上金矿露天尾矿库边坡中典型岩样作为研究对象，针对水岩作用下岩石宏观力学性质、岩石力学损伤机理、岩石流变特性以及工程背景下露天尾矿库边坡长期稳定性，结合室内试验与数值模拟的方法对岩石宏细观损伤规律展开较为深入的研究与讨论。

6.2　无水影响时边坡稳定性分析

为了了解尾矿库蓄水后滑坡岩土体的变形破坏特征，并对滑坡预警提供合理依据，选用数值分析软件 FLAC3D 对仓上金矿露天尾矿库边坡进行模拟分析。

6.2.1　边坡整体稳定性评价

选取北帮边坡穿过 3＃蚀变带的 487 勘探线处（图 6.14）建立模型，计算模型如图 6.15 所示，共划分 11950 个单元，13959 个节点。模型前后施加 Y 方向的约束，两侧施加 X 方向的约束，底部施加固定约束，地表为自由面。仅考虑重力，计算工况分为蓄水前（工况①）和蓄水至−58m（工况②）两种。487 勘探线自然状态下、饱水状态下参数取值分别如表 6.2、表 6.3 所示。

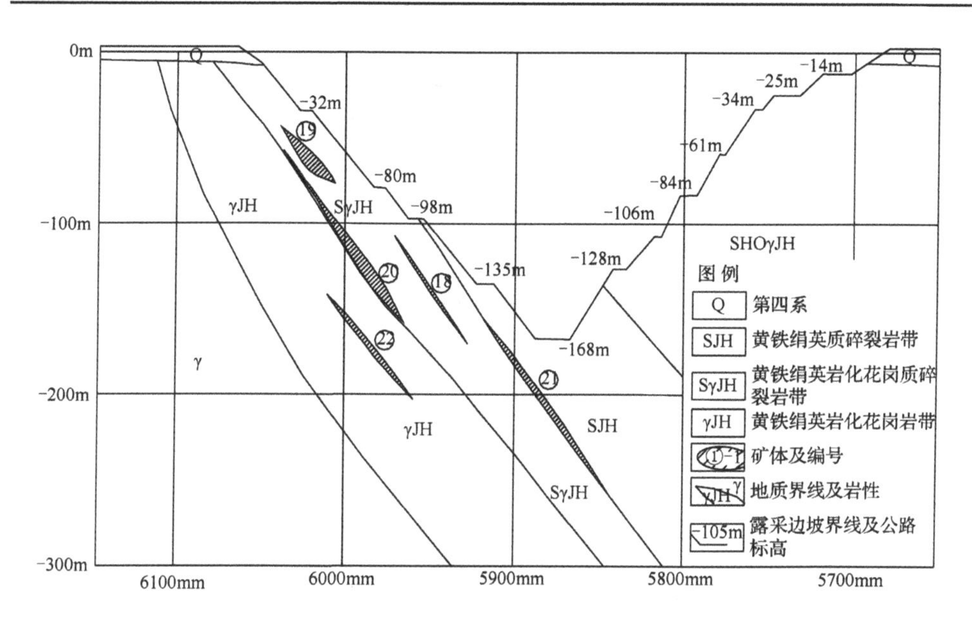

图 6.14 487 勘探线地质剖面图

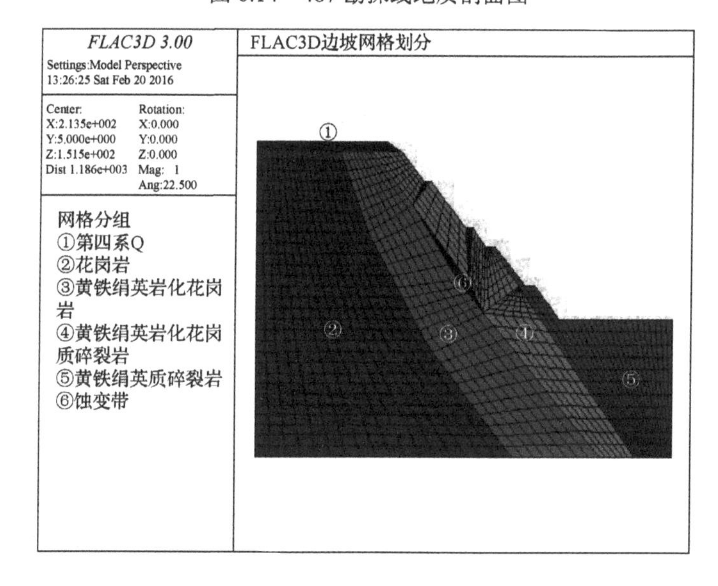

图 6.15 FLAC3D 计算模型

表 6.2 487 勘探线自然状态下参数取值

岩性	容重/（kN·m^{-3}）	弹性模量/GPa	泊松比	黏聚力/MPa	内摩擦角/（°）
第四系 Q	19.2	0.190	0.18	0.21	0.04
蚀变带	25.2	16.75	0.212	16.99	37.12

续表

岩性	容重/（kN·m^{-3}）	弹性模量/GPa	泊松比	黏聚力/MPa	内摩擦角/（°）
黄铁绢英质碎裂岩 SJH	23.5	16.66	0.236	9.59	42.98
黄铁绢英岩化花岗质碎裂岩 SγJH	24.6	10.5	0.282	3.912	50
黄铁绢英岩化花岗岩 γJH	25.0	15.24	0.224	13.346	40
花岗岩 γ	26.8	16.39	0.211	15.21	39.10

表 6.3　487 勘探线饱水状态下参数取值

岩性	容重/（kN·m^{-3}）	弹性模量/GPa	泊松比	黏聚力/MPa	内摩擦角/（°）
第四系 Q	19.2	0.190	0.18	0.21	0.04
蚀变带	25.2	15.2	0.214	16.99	37.12
黄铁绢英质碎裂岩 SJH	23.5	12.04	0.234	9.59	42.98
黄铁绢英岩化花岗质碎裂岩 SγJH	24.6	6.75	0.292	3.21	39.10
黄铁绢英岩化花岗岩 γJH	25.0	12.02	0.226	13.13	37.89
花岗岩 γ	26.8	12.33	0.208	12.393	38.31

计算两种工况下的边坡稳定性系数，结果如表 6.4 所示。从表 6.4 中可以看出，边坡蓄水前的稳定系数为 1.36，蓄水至-58m 时劣化为 1.26，稳定系数减小，边坡整体稳定性降低。

表 6.4　边坡稳定性系数计算结果

计算方法	稳定性系数	
	天然工况	库水位升至-58m
有限元强度折减法	1.36	1.26

6.2.2　边坡局部稳定性评价

边坡局部稳定性主要从边坡在选取的两种计算工况条件下的位移场和应变场进行分析，得到其位移云图、剪应变增量等值线图，如图 6.16～图 6.19 所示。

（1）边坡位移场分析

由边坡的位移云图可以看出：边坡在工况①和工况②条件下的变形特征相似，即边坡变形主要集中在边坡前部（蚀变带和邻近矿坑部位），与边坡现场变形调查和专业监测的结果基本一致；相较于工况①，工况②边坡位移增加迅速，坡脚处最大位移由 70mm 增大到 110mm，坡顶位移由 60mm 增大到 100mm，与实际监测结果较为吻合。

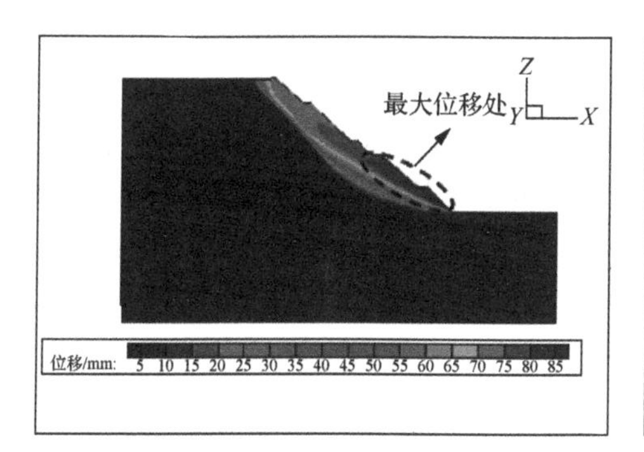

图 6.16 工况①条件下位移云图

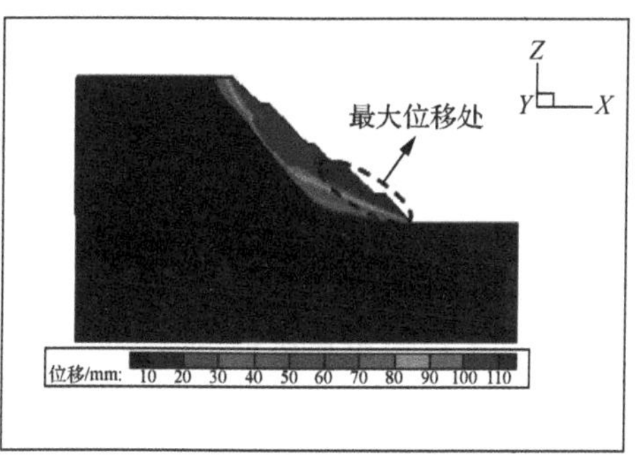

图 6.17 工况②条件下位移云图

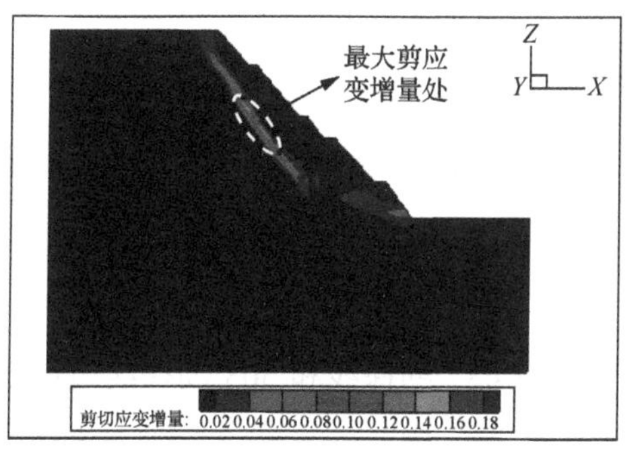

图 6.18 工况①条件下滑坡剪应变增量等值线图

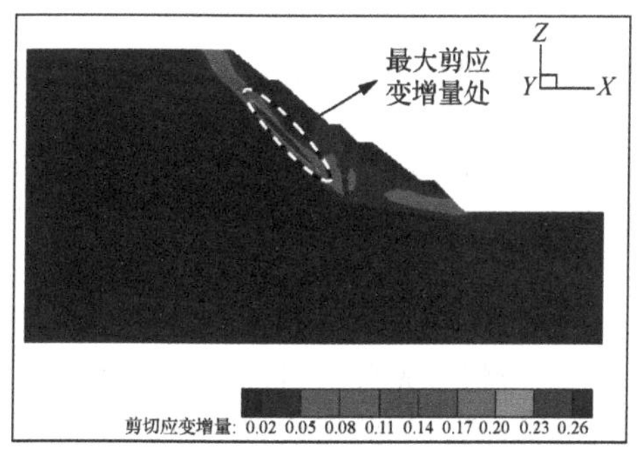

图 6.19 工况②条件下滑坡剪应变增量等值线图

彩图 6.16

彩图 6.17

彩图 6.18

彩图 6.19

（2）边坡应变场分析

由边坡剪应变增量等值线图可以看出：从整体上看，剪应变增量的峰值主要集中于边坡蚀变带部位，说明此位置处较危险；工况②较工况①剪应变增量峰值由 0.18 增大至 0.26，增幅为 0.08，且剪应变增量贯通率也增大，这说明工况②较工况①对滑坡体的稳定性影响要大。

根据边坡整体稳定性和局部稳定性的分析结果可知：

1）边坡蓄水前的稳定系数为 1.36，蓄水至-58m 时劣化为 1.26，稳定系数减小，边坡整体稳定性降低，说明水位上升对边坡整体稳定性有较大影响；但二者的稳定性均大于 1.2，说明现阶段边坡处于稳定变形阶段，与实际状况吻合。

2）边坡前部和矿坑水接触的位置及蚀变带处位移和剪应变增量最大，同时一旦滑移面贯通可能发生失稳破坏。综合确定在矿坑水位的持续作用下，边坡前部发生失稳破坏的可能性较大。

3）边坡整体稳定并不代表边坡局部不会发生失稳破坏，需要对边坡各个部分进行详细调查和分析，特别是对高陡岩质边坡水平位移的监测，借助自主发明的专利“利用活动测斜仪测量地层水平位移的方法及活动测斜仪”（专利号：CN105444738A），利用活动测斜仪进行水平总位移和水平偏移位移的测量，为边坡支护施工提供可靠依据。

6.3 水位上升对边坡稳定性的影响分析

6.3.1 水对仓上露天坑边坡稳定性的影响

基于仓上露天坑边坡特殊的工程地质条件，需要特别注意水的影响，尤其是仓上露天坑 3#蚀变带，需要注意以下两种情况。

1）水位上升对边坡稳定性的影响。

2）水位升降变化对边坡稳定性的影响。

本节将首先分析目前水位整体上升的情况对 487 勘探线和 503 勘探线边坡稳定性的影响。为此考虑以下八种模拟工况。

工况一：水位上升至 1/8 坑深处。

工况二：水位上升至 2/8 坑深处。

工况三：水位上升至 3/8 坑深处。

工况四：水位上升至 4/8 坑深处。

工况五：水位上升至 5/8 坑深处。

工况六：水位上升至 6/8 坑深处。

工况七：水位上升至 7/8 坑深处。

工况八：坑体满水。

6.3.2 水位上升条件下边坡安全评价

边坡安全评价是指对边坡在现有状态（几何结构、岩性状态、外界影响等）下的安全状态进行分析。20 世纪 80 年代后随着计算机硬件和软件的快速发展，采用强度折减法对边坡进行安全评价一度成为主流分析方法。例如，美国 Griffith（格里菲思）等采用有限元强度折减法对美国公路边坡进行了安全分析，国内郑颖人、黄润秋等对有限元强度折减法在岩土工程中的应用做了大量的研究工作，并提出了经过改进的强度折减法。

强度折减法考虑了岩土工程中地层介质随着变形发展强度逐渐降低，而且其过程具有不可逆性这一情况，基于这一理论，定义安全系数为岩体的实际抗剪强度与工程破坏时的抗剪强度指标的比值；同时将黏聚力 c 和内摩擦角 φ 除以折减系数 K，得到新的一组黏聚力和内摩擦角，然后对边坡稳定性进行数值模拟分析；不断增大折减系数 K，重复以上过程，直至边坡临界破坏，此时的折减系数 K 就是边坡的安全系数。

$$c' = \frac{c}{K} \tag{6.1}$$

$$\varphi' = \arctan\frac{\tan\varphi}{K} \tag{6.2}$$

式中：K——安全系数；

c——岩体黏聚力，Pa；

c'——折减后黏聚力，Pa；

φ——岩体内摩擦角，(°)；

φ'——折减后内摩擦角，(°)。

强度折减系数法较传统的边坡稳定性分析法具有以下优势。

1）考虑了岩土体的本构关系，更加真实地反映边坡受力变形状态。

2）能够对复杂地质、地貌的各类边坡进行稳定性分析。

3）能够模拟土质边坡滑坡过程及其滑移面形状（通常由剪应变增量或者位移增量确定滑移面的形状和位置）。

4）能够模拟边坡岩土体与支护结构（超前支护、土钉、面层等）的共同作用。

5）求解安全系数时，无须进行条分以及假定滑移面的形状。

采用有限差分法（FLAC 和 FLAC3D）对边坡进行强度折减法安全评价时，认为边坡失稳破坏可以看作是数值模拟过程中塑性区逐渐发展、扩大直到完全贯通的过程。在这一过程中，当边坡岩土材料采用莫尔-库仑（Mohr-Coulomb，M-C）模型进行模拟时，岩土材料进入屈服状态时虽然没有考虑峰后承载能力，但用于分析安全性则完全可以，特别是对于仓上金矿五种典型岩石均为脆性岩石，峰后承载能力很弱，残余强度不足峰值强度的 30%，因此可以认为达到峰值后边坡将很快失稳破坏。采用 FLAC3D 中 Fish 编程可以实现这一过程，各折减时步对应的折减系数见表 6.5。

表 6.5　分步折减系数取值

时步	1	2	3	4	5	6	7	8
K	1.000	2.000	1.500	1.250	1.200	1.150	1.100	1.050

（1）模拟计算不收敛判据

在 FLAC3D 中采用动态方程模拟静力过程，并采用最大不平衡力作为计算收敛的评定指标。当采用 M-C 模型进行边坡稳定性分析时，单元应力状态达到峰值应力后，单元变形进入塑性流动状态，即此时单元应力不再增加，但是变形持续发展，塑性区将不断扩展，最终贯通并导致坡体出现明显的下滑状态，因此可以用模拟计算是否收敛，作为边坡稳定性评价的依据。按照表 6.5 中的折减时步进行模拟分析，各折减时步的最大不平衡力如表 6.6 所示。

表 6.6　分步折减模拟计算收敛性

时步	1	2	3	4	5	6	7	8
K	1.000	2.000	1.500	1.250	1.200	1.150	1.100	1.050
不平衡力/N	9.99×10^{-5}	3.23×10^{-2}	4.26×10^{-4}	7.12×10^{-5}	5.62×10^{-5}	1.05×10^{-5}	2.32×10^{-5}	9.99×10^{-5}

从表 6.6 中可以看出，随着折减系数的增加，最大不平衡力逐渐增加；当 K=2 时，已经明显不收敛。这种方法只能定性分析边坡的稳定状态，并不能进行定量分析，为了进一步确定折减系数与边坡失稳的关系，以位移判据进行分析。

（2）位移不连续判据

当边坡体介质进入塑性状态后，最直接的变化是位移的变化，而不是应力的变化，即进入塑性破坏后，边坡出现局部滑移，从位移上分析是一部分岩土介质相对于另一部分出现明显的突变，因此可以通过设置模拟监测点，根据相应点的位移随着折减系数的变化，对其进行安全评价。监测点布置如图 6.20 所示。

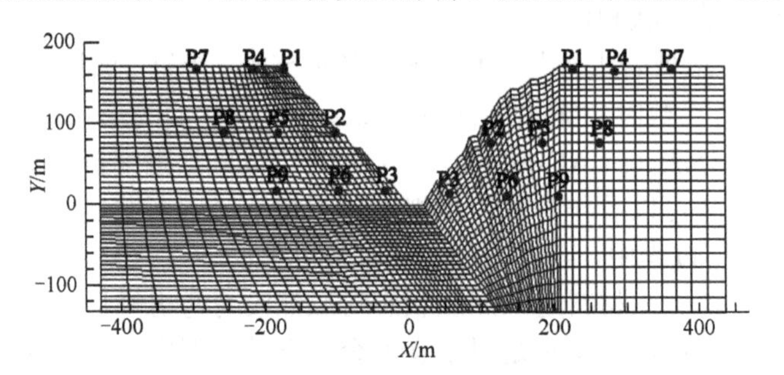

图 6.20　位移监测点布置图

通过 Fish 语言编程将不同折减系数下的位移导出后，以折减系数 K 为横轴，以水平位移为纵轴，分析其变化关系。

由于整体网格难以全面反映 503 勘探线和 487 勘探线附近的边坡地质构造，下面将分别对 503 勘探线和 487 勘探线边坡体建模，采用不同的判据分析在不同折减系数下边坡的安全状态。

6.3.3　水位上升对北侧 503 勘探线稳定性影响

（1）503 勘探线边坡体构造特征

503 勘探线边坡岩层倾角较大，倾角为 52°，为高陡顺层岩质边坡，花岗岩 γ 和黄铁绢英岩化花岗岩 γJH 岩体坚硬且比较完整；黄铁绢英岩化花岗质碎裂岩

SγJH 和黄铁绢英质碎裂岩 SJH 为软弱破碎层，岩体结构面发育，如图 6.21 所示。3#蚀变带的底部有一层断层泥，呈灰白色，局部呈灰色，为碎裂带岩质，灰色断层泥较纯，内含有破碎的黄铁矿。断层泥的厚度一般为 5～15cm 之间。断层泥下面岩层为黄铁绢英岩化花岗岩，上面岩层为黄铁绢英岩化碎裂带。

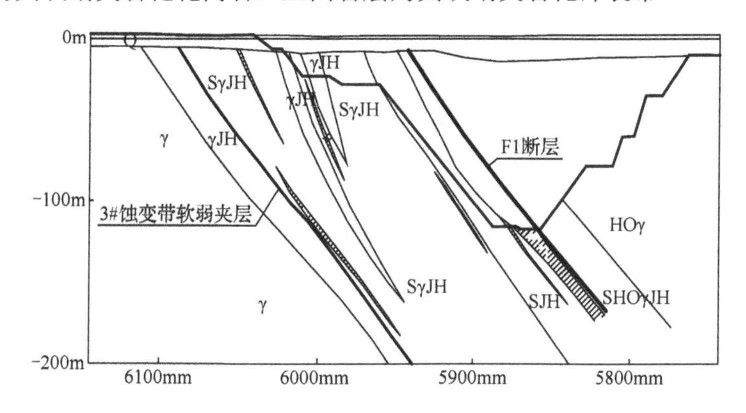

图 6.21　503 勘探线地质剖面图

（2）503 勘探线数值模型

503 勘探线断面处对边坡影响较大的是 3#蚀变带，建模时必须充分考虑 3#蚀变带的位置、产状。503 勘探线坡体模型如图 6.22 所示。

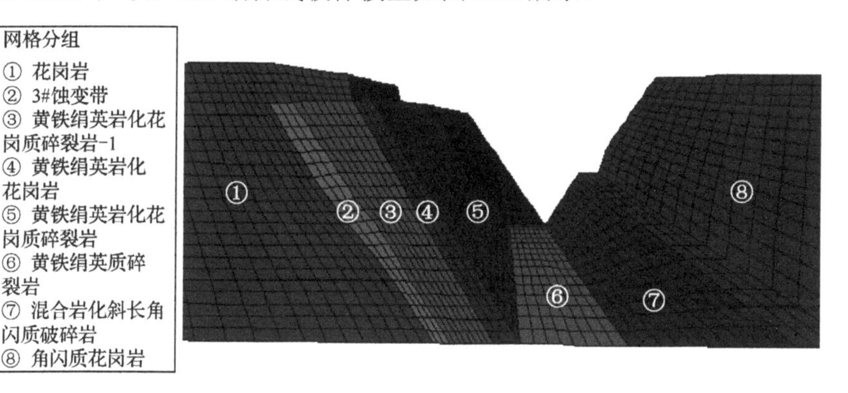

图 6.22　503 勘探线坡体模型

由于 3#蚀变带为一软弱夹层，是影响该处边坡的主要地质带，该模型采取对 3#蚀变带通过实体建模进而调整参数的方法进行模拟分析。

（3）参数取值

岩体参数取值为：水位以下采用五种岩石侵水后极限状态下的参数值，水位以上采用自然状态下的岩石参数值，具体如表 6.7 和表 6.8 所示。

表 6.7　503 勘探线自然状态下参数取值

岩性	容重/（kN·m⁻³）	弹性模量/GPa	泊松比	黏聚力/MPa	内摩擦角/（°）
第四系 Q	19.2	0.190	0.18	0.21	0.04
3#蚀变带	20.1	3.21	0.26	7.31	30.2
混合岩化斜长角闪质破碎岩 SHOγJH	25.2	16.75	0.212	16.99	37.12
黄铁绢英质碎裂岩 SJH	23.5	16.66	0.236	9.59	42.98
黄铁绢英岩化花岗质碎裂岩 SγJH	24.6	10.5	0.282	3.912	50
黄铁绢英岩化花岗岩 γJH	25.0	15.24	0.224	13.346	40
花岗岩 γ	26.8	16.39	0.211	15.21	39.10

表 6.8　503 勘探线饱水状态下参数取值

岩性	容重/（kN·m⁻³）	弹性模量/GPa	泊松比	黏聚力/MPa	内摩擦角/（°）
第四系 Q	19.2	0.190	0.18	0.21	0.04
3#蚀变带	20.1	3.21	0.26	6.63	27.1
混合岩化斜长角闪质破碎岩 SHOγJH	25.2	15.2	0.214	16.99	37.12
黄铁绢英质碎裂岩 SJH	23.5	12.04	0.234	9.59	42.98
黄铁绢英岩化花岗质碎裂岩 SγJH	24.6	6.75	0.292	15.21	39.10
黄铁绢英岩化花岗岩 γJH	25.0	12.02	0.226	3.13	47.89
花岗岩 γ	26.8	12.33	0.208	12.393	38.31

（4）模拟结果分析

经过模拟分析后，八种工况下 503 勘探线边坡水平位移分布如图 6.23 所示。

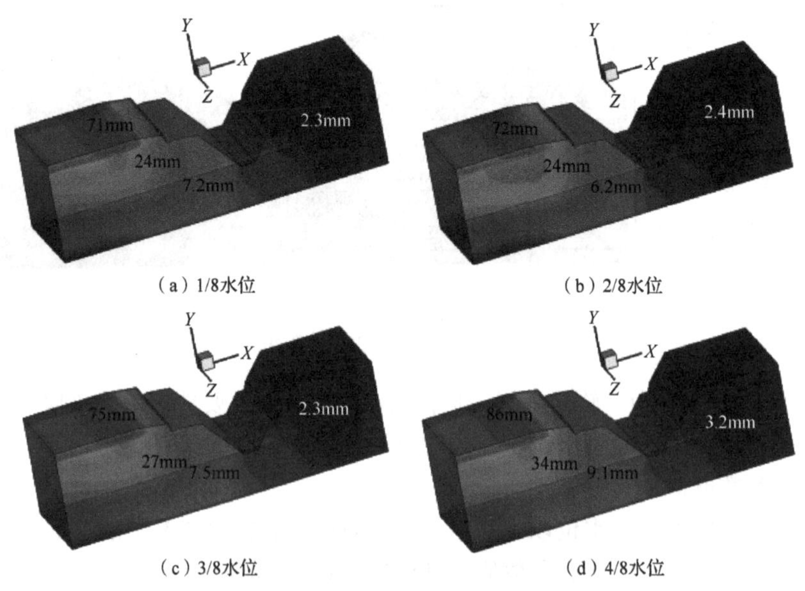

（a）1/8水位　（b）2/8水位

（c）3/8水位　（d）4/8水位

图 6.23　不同工况下 503 勘探线边坡水平位移分布

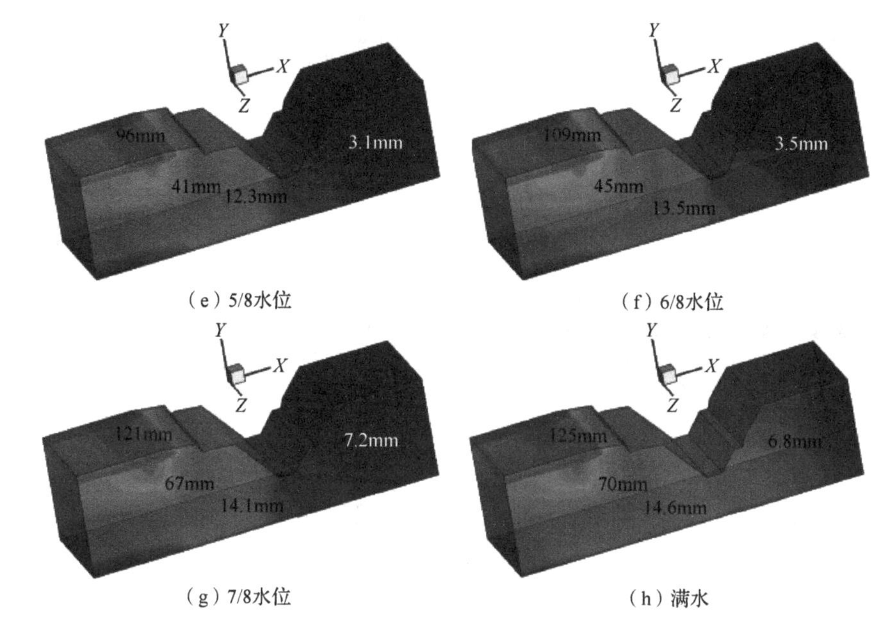

（e）5/8水位 （f）6/8水位

（g）7/8水位 （h）满水

图 6.23（续）

从图 6.23 中可以看出，随着水位的上升，边坡位移逐渐增加，但是在矿坑 1/8～3/8 水位工况下，边坡位移增加并不明显；由于 3#蚀变带在坡体内延伸较长，后期随着水位的上升，其位移发展变化较大。为分析位移与水位上升的关系，仍然采用监测点 P1、P2、P3、P4 位移变化值进行分析，确定安全系数，结果如图 6.24、图 6.25 所示。

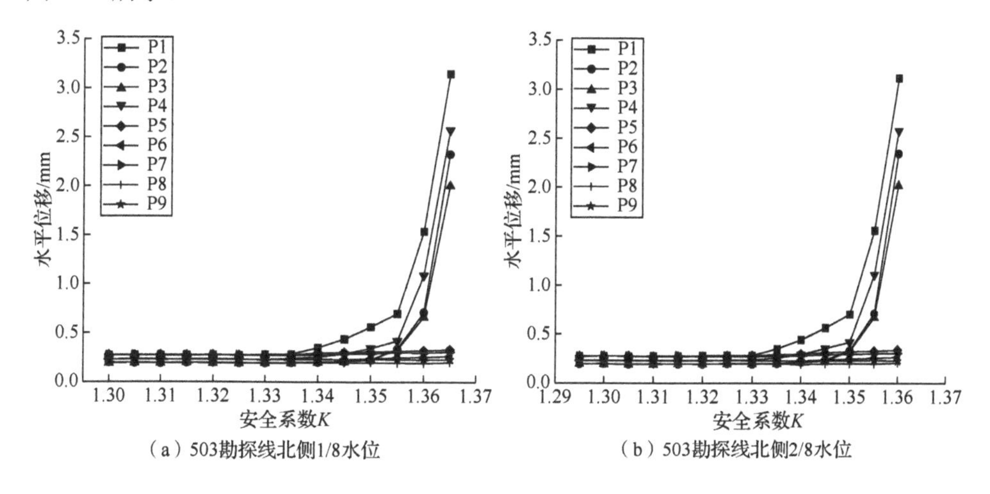

（a）503勘探线北侧1/8水位 （b）503勘探线北侧2/8水位

图 6.24 位移发展与安全系数变化（503 勘探线北侧边坡）

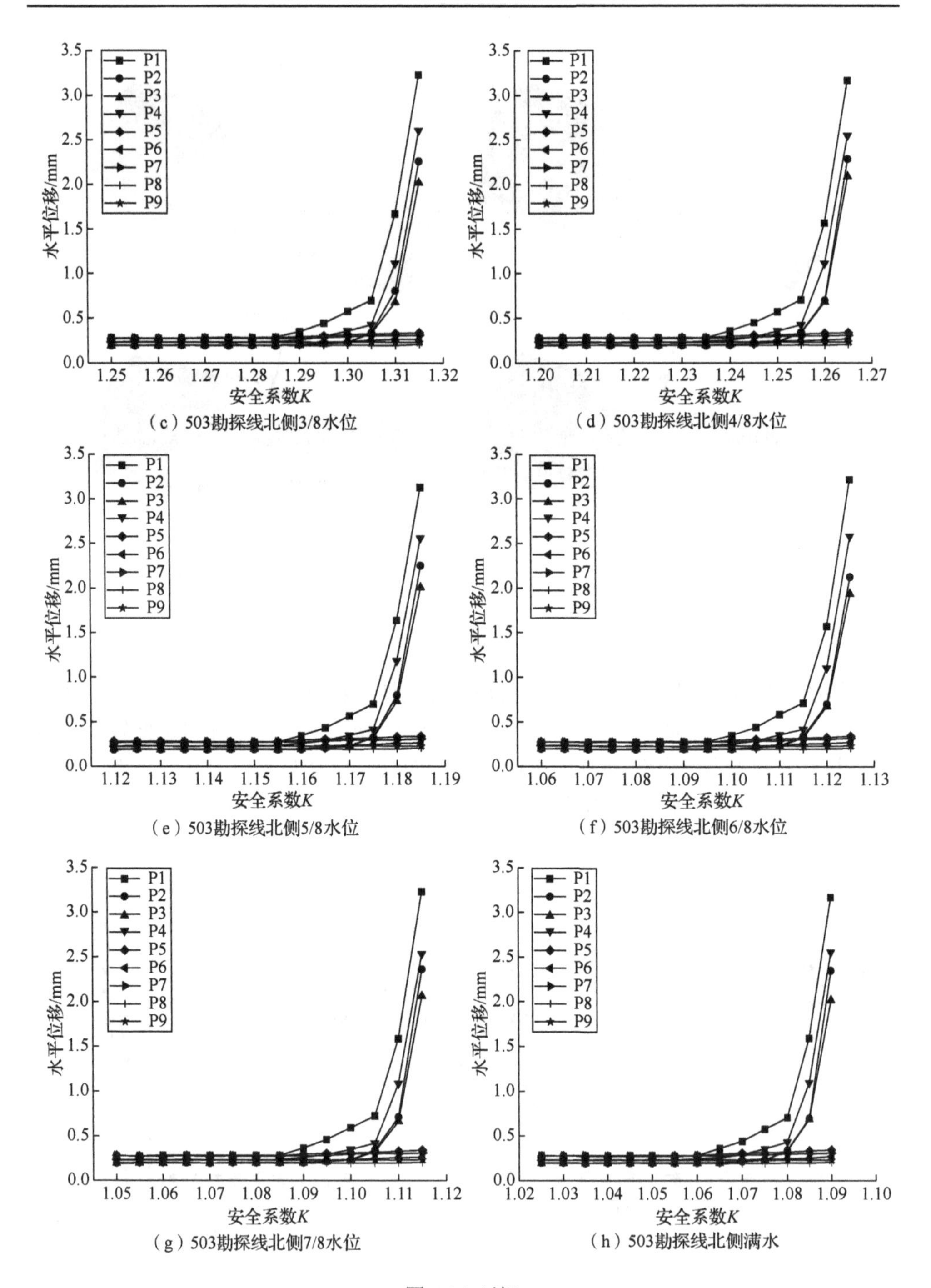

（c）503勘探线北侧3/8水位　（d）503勘探线北侧4/8水位

（e）503勘探线北侧5/8水位　（f）503勘探线北侧6/8水位

（g）503勘探线北侧7/8水位　（h）503勘探线北侧满水

图 6.24（续）

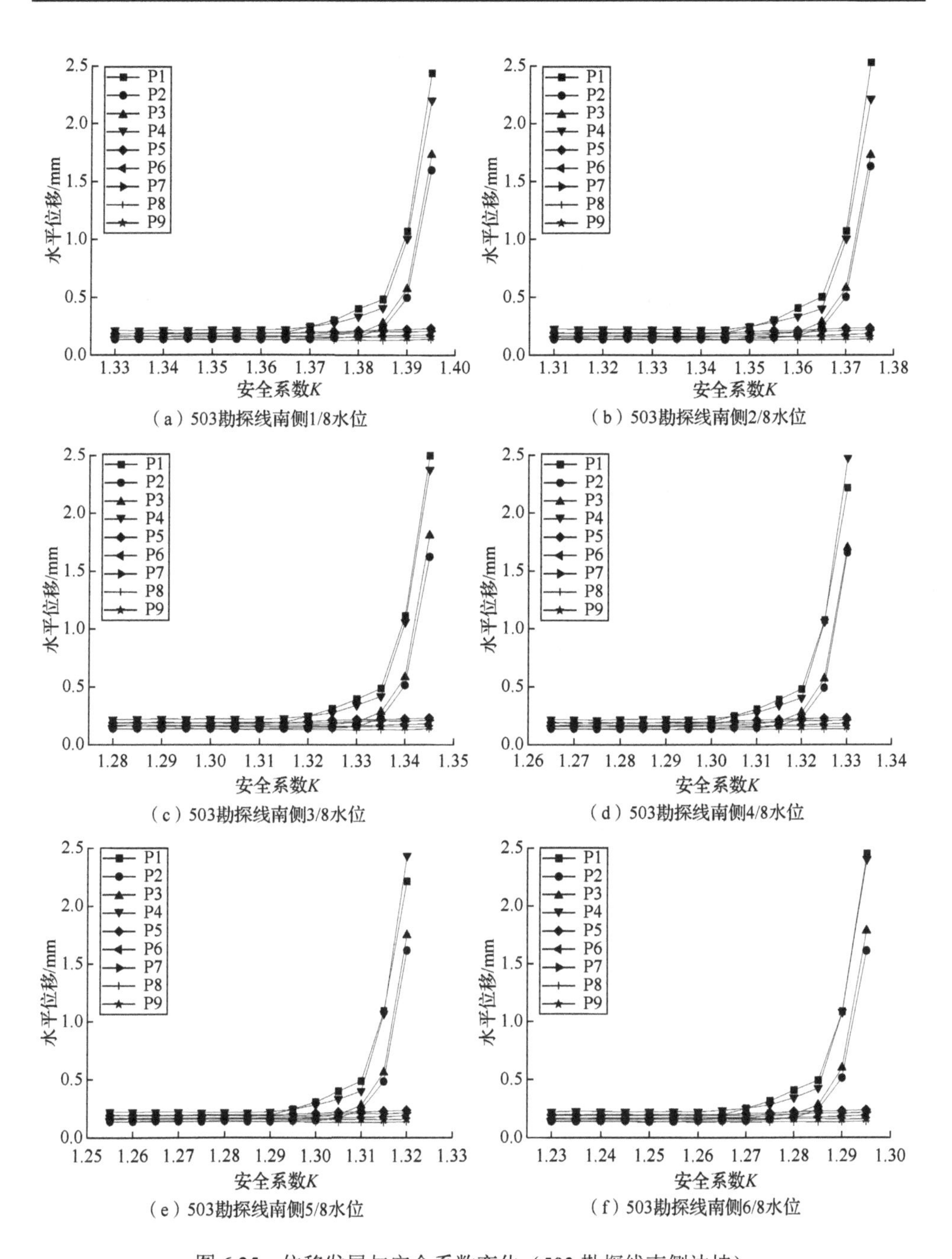

图 6.25　位移发展与安全系数变化（503 勘探线南侧边坡）

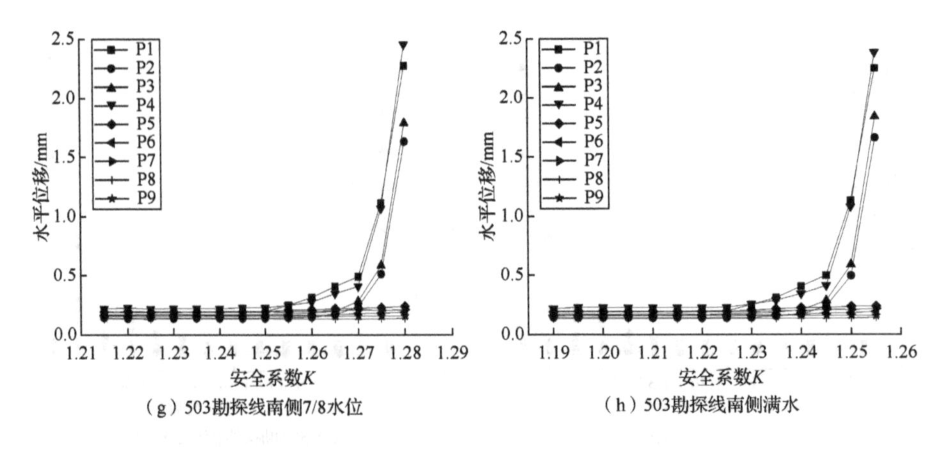

（g）503勘探线南侧7/8水位　（h）503勘探线南侧满水

图 6.25（续）

由图 6.24 和图 6.25 可以看出，南侧边坡安全系数受水位上升影响较小，北侧边坡安全系数受水位上升影响较大。根据图 6.24 和图 6.25 中关键点的位移拐点位置，不同水位作用下边坡的安全系数变化如图 6.26 所示。

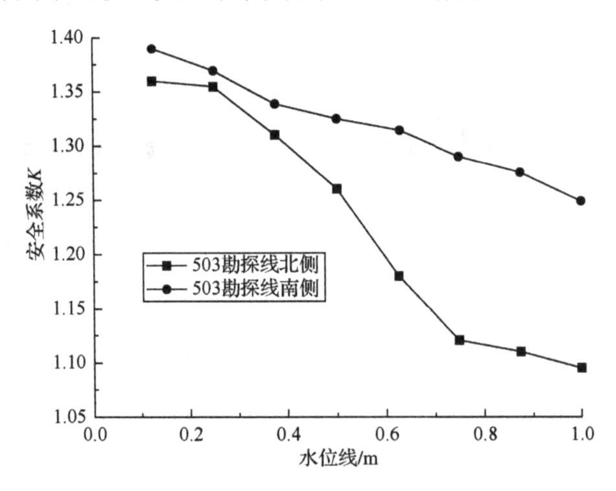

图 6.26　边坡安全系数与水位上升关系图

根据图 6.26 中确定的安全系数可知，随着水位的上升，关键点的水平位移增加，安全系数降低；但在水位上升的初始阶段，边坡关键点的水平位移和安全系数并没有发生明显变化，水位上升到 6/8 深度后安全系数和水平位移变化也趋缓。由此分析危险水位点应该是在满水位的 6/8 以上，为分析具体危险水位点，在满水位的 6/8 以上取−70m、−65m、−60m、−55m、−50m、−45m、−40m、−35m 八种工况进行分析，按照上述分析流程得边坡安全系数与水位的关系如图 6.27 所示。

根据矿坑边坡安全规范，考虑一定的安全储备，根据图 6.27 数据确定 K=1.2 时的危险水位值为−45.0m，即当水位上升至−45.0m 时，边坡将出现危险。

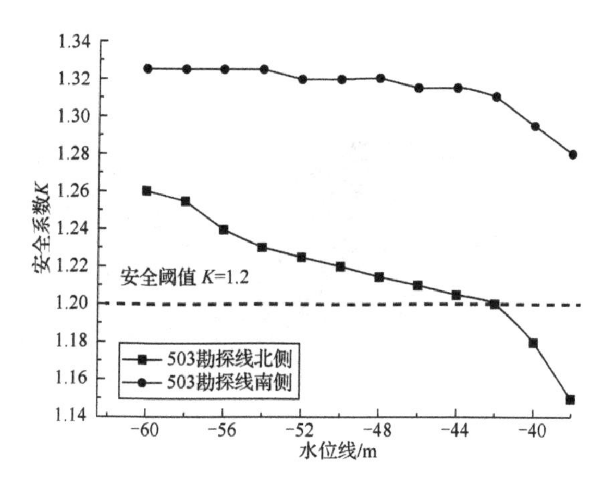

图 6.27 边坡安全系数与水位变化的关系曲线

6.3.4 水位上升对北侧 487 勘探线稳定性影响

（1）487 勘探线边坡体构造特征

487 勘探线边坡岩层倾角较大，倾角为 60°，属高陡顺层岩质边坡，如图 6.28 所示，花岗岩 γ 和黄铁绢英岩化花岗岩 γJH 岩体坚硬且比较完整；黄铁绢英岩化花岗质碎裂岩 SγJH 和黄铁绢英质碎裂岩 SJH 为软弱破碎层，岩体结构面发育。

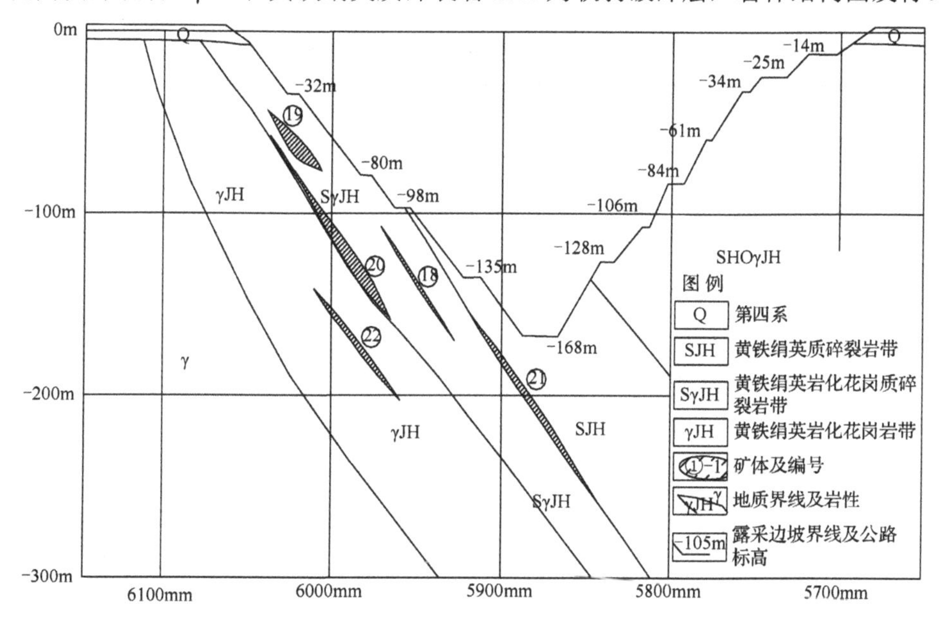

图 6.28 487 勘探线地质剖面图

（2）487 勘探线数值模型

根据 487 勘探线边坡体特征，充分考虑对边坡安全有较大影响的地质构造并忽略对边坡安全影响较小的地层，建立 487 勘探线坡体模型，如图 6.29 所示。

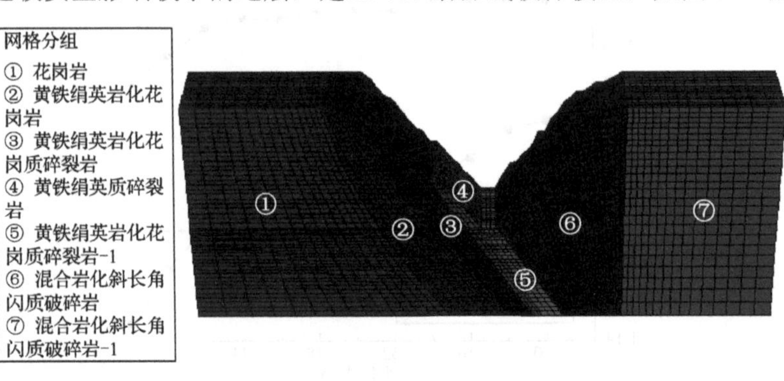

图 6.29　487 勘探线坡体模型

该模型充分考虑了 3#蚀变带中软弱夹层对坡体安全性的影响，同时也充分考虑了不同岩层在坡体中的产状，由于 F3 断层在 487 勘探线处位于坡底下方，且其产状对边坡稳定性无影响，建模时不予考虑。

（3）参数取值

岩体参数取值为：水位以下采用五种岩石侵水后极限状态下的参数值，水位以上采用自然状态下的岩石参数值，具体如表 6.9 和表 6.10 所示。

表 6.9　487 勘探线自然状态下参数取值

岩性	容重/（kN·m^{-3}）	弹性模量/GPa	泊松比	黏聚力/MPa	内摩擦角/（°）
第四系 Q	19.2	0.190	0.18	0.21	0.04
混合岩化斜长角闪质破碎岩 SHOγJH	25.2	16.75	0.212	16.99	37.12
黄铁绢英质碎裂岩 SJH	23.5	16.66	0.236	9.59	42.98
黄铁绢英岩化花岗质碎裂岩 SγJH	24.6	10.5	0.282	3.912	50
黄铁绢英岩化花岗岩 γJH	25.0	15.24	0.224	13.346	40
花岗岩 γ	26.8	16.39	0.211	15.21	39.10

表 6.10　487 勘探线饱水状态下参数取值

岩性	容重/（kN·m^{-3}）	弹性模量/GPa	泊松比	黏聚力/MPa	内摩擦角/（°）
第四系 Q	19.2	0.190	0.18	0.21	0.04
混合岩化斜长角闪质破碎岩 SHOγJH	25.2	15.2	0.214	16.99	37.12
黄铁绢英质碎裂岩 SJH	23.5	12.04	0.234	9.59	42.98
黄铁绢英岩化花岗质碎裂岩 SγJH	24.6	6.75	0.292	15.21	39.10
黄铁绢英岩化花岗岩 γJH	25.0	12.02	0.226	3.13	47.89
花岗岩 γ	26.8	12.33	0.208	12.393	38.31

（4）模拟结果分析

经过模拟分析后，八种工况下 487 勘探线边坡水平位移分布如图 6.30 所示。

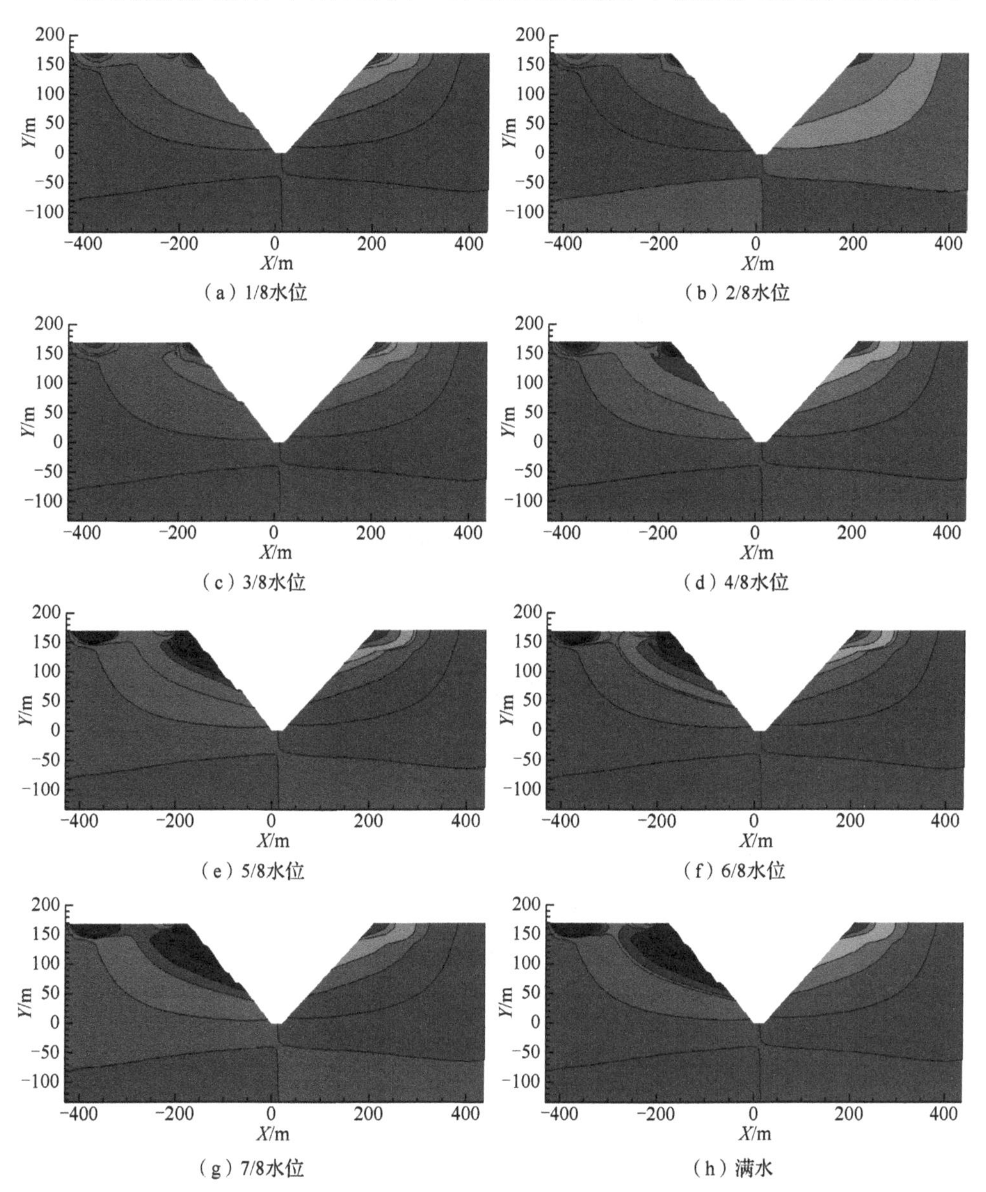

（a）1/8水位　（b）2/8水位

（c）3/8水位　（d）4/8水位

（e）5/8水位　（f）6/8水位

（g）7/8水位　（h）满水

图 6.30　不同工况下 487 勘探线边坡水平位移分布

经过模拟分析后，可得八种工况下 487 勘探线边坡折减系数与监测点水平位移关系。根据监测点水平位移曲线明显拐点的位移确定边坡安全系数，总结水位变化与边坡安全系数的关系，结果如图 6.31 所示。

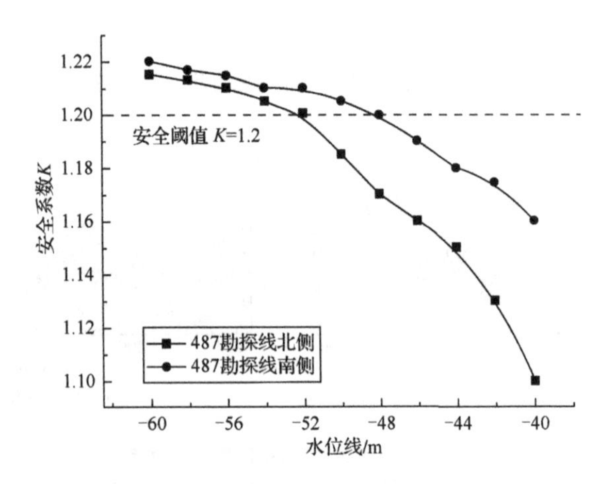

图 6.31　边坡安全系数与水位上升关系图

487 勘探线边坡安全系数的变化规律与 503 勘探线基本一致，南侧受水位影响较小，北侧，水位在 2/8～5/8 时安全系数下降最快，满水时下降至 1.085。根据图 6.31 中数据确定 K=1.2 时的危险水位值为−52.0m，即当水位上升至−52.0m 时，边坡将出现危险。

6.4　水位升降循环变化对边坡稳定性的影响分析

6.4.1　饱水-失水作用下数值模拟参数的确定

根据饱水-失水循环作用对典型岩石的力学指标影响分析，岩石的参数输入基准值为自然装填下岩石的强度参数，调整后参数值如表 6.11 所示。

表 6.11　调整后参数值

岩性	容重/（kN·m^{-3}）	弹性模量/GPa	泊松比	黏聚力/MPa	内摩擦角/（°）
第四系 Q	19.2	0.01	0.21	0.04	10.56
混合岩化斜长角闪质破碎岩 SHOγJH	25.2	10.22	0.21	11.21	25.61
黄铁绢英质碎裂岩 SJH	23.5	11.50	0.24	6.71	26.22
黄铁绢英岩化花岗质碎裂岩 SγJH	24.6	6.51	0.28	2.43	30.00
黄铁绢英岩化花岗岩 γJH	25.0	10.36	0.22	8.81	24.00
花岗岩 γ	26.8	11.31	0.21	9.73	26.20

考虑饱水-失水循环作用对岩石力学指标的影响，其参数变化按照表 6.12 所示表达式确定；其中容重、泊松比不予调整；考虑到第四系基本在水位线以上，且其

厚度太大，也不予调整；花岗岩γ对饱水-失水并不敏感，其参数也不予调整。

表 6.12　参数调整系数

岩性	弹性模量/GPa	抗拉强度/MPa
混合岩化斜长角闪质破碎岩 SHOγJH	y=−34.42exp(−n/2.16)+33.42	y=−16.42exp(−n/4.08)+17.43
黄铁绢英质碎裂岩 SJH	y=−20.4exp(−n/1.48)+20.55	y=−20.43exp(−n/1.482)+20.55
黄铁绢英岩化花岗质碎裂岩 SγJH	y=−58.77exp(−n/1.08)+58.83	y=−40.26exp(−n/2.4)+42.3
黄铁绢英岩化花岗岩 γJH	y=−48.92exp(−n/2.19)+49.99	y=−34.28exp(−n/5.31)+36.47
岩性	黏聚力/MPa	内摩擦角/（°）
黄铁绢英岩化花岗质碎裂岩 SγJH	y=−40.26exp(−n/2.4)+42.3	y=−58.77exp(−n/1.08)+58.82
黄铁绢英岩化花岗岩 γJH	y=−34.23exp(−n/5.3)+36.48	y=−48.9exp(−n/2.19)+49.98

根据表 6.11 和表 6.12 所确定的岩石强度基准参数及损伤系数表达式，可模拟分析不同饱水-失水循环次数下的边坡稳定性。

6.4.2　饱水-失水作用下 487 勘探线坡体稳定性分析

根据对 487 勘探线进行不同饱水-失水循环作用下的边坡安全系数分析，以及考虑到现场实际排水-抽水作业安排，稳定性分析模拟方案具体分为以下几种工况。

1）水位线在坑底，自坑底至 2/8 坑深为水位升降循环区，分别分析循环次数 N=1、3、5、7 的边坡稳定性。

2）水位线在 2/8 坑深处，2/8～4/8 坑深为水位升降循环区，分别分析循环次数 N=1、3、5、7 的边坡稳定性。

3）水位线在 4/8 坑深处，4/8～6/8 坑深为水位升降循环区，分别分析循环次数 N=1、3、5、7 的边坡稳定性。

上述模拟方案具体如图 6.32 所示。

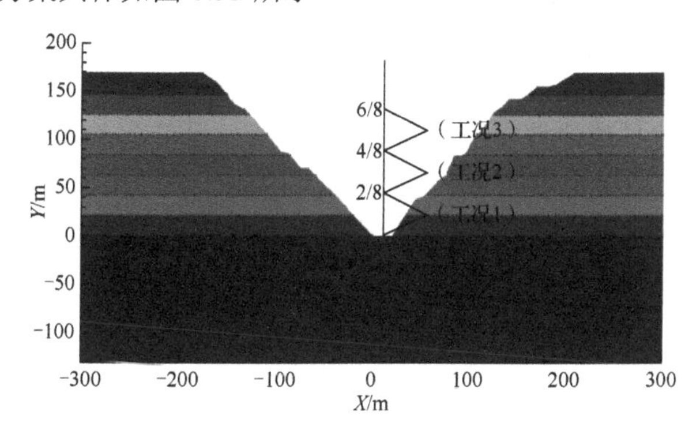

图 6.32　饱水-失水模拟方案（487 勘探线）

根据模拟结果，得到工况 1、工况 2、工况 3 下边坡安全系数随饱水-失水循环次数变化的规律，如图 6.33 所示。

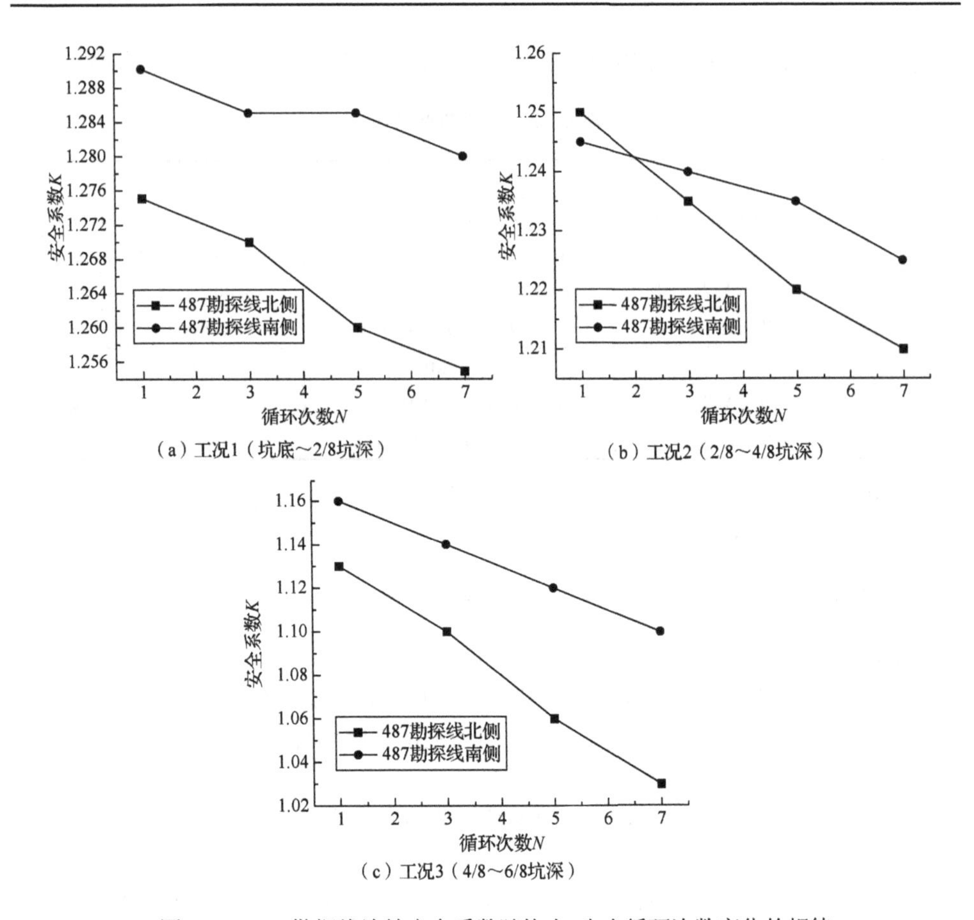

（a）工况1（坑底～2/8坑深）　（b）工况2（2/8～4/8坑深）　（c）工况3（4/8～6/8坑深）

图 6.33　487 勘探线边坡安全系数随饱水-失水循环次数变化的规律

从图 6.33 中可以看出，水位的循环变化对边坡安全系数的影响较大，且最低变化水位线越高，边坡安全系数变化越明显；同时，在水位较低的情况下，水位循环变化虽然导致安全系数降低，但是并没有达到警戒值，而在水位较高的情况下，水位循环变化导致边坡安全系数达到警戒值。目前仓上露天坑正在进行抽水作业，这种情况对边坡稳定性的影响将更大，因此在进行排水-抽水循环作业时建议将最高水位控制在 6/8 以下，最好控制在满水位的 1/2 左右。

6.4.3　饱水-失水作用下 503 勘探线坡体稳定性分析

503 勘探线模拟饱水-失水循环作用对边坡稳定性的影响也考虑以下三种工况。

1）水位线在坑底，自坑底至 2/8 坑深为水位升降循环区，分别分析循环次数 N=1、3、5、7 的边坡稳定性。

2）水位线在 2/8 坑深处，2/8～4/8 坑深为水位升降循环区，分别分析循环次数 N=1、3、5、7 的边坡稳定性。

3）水位线在 4/8 坑深处，4/8～6/8 坑深为水位升降循环区，分别分析循环次数 N=1、3、5、7 的边坡稳定性。

上述模拟方案具体如图 6.34 所示。

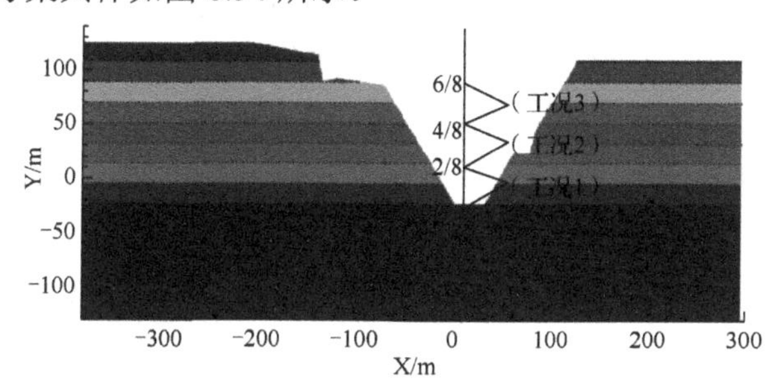

图 6.34 饱水-失水模拟方案（503 勘探线）

根据模拟结果，得到工况 1、工况 2、工况 3 下 503 勘探线边坡安全系数随饱水-失水循环次数变化的规律，如图 6.35 所示。

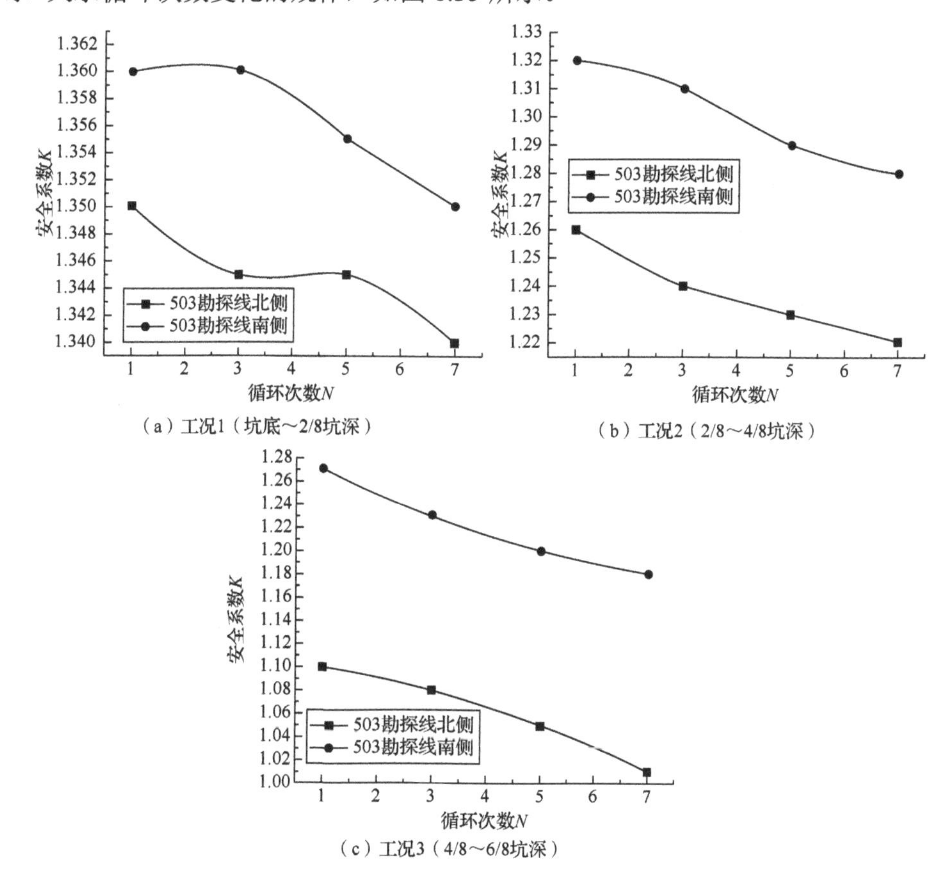

（a）工况1（坑底～2/8坑深）

（b）工况2（2/8～4/8坑深）

（c）工况3（4/8～6/8坑深）

图 6.35 503 勘探线边坡安全系数随饱水-失水循环次数变化的规律

从图 6.33 和图 6.35 中可以看出，水位的循环变化对 503 勘探线边坡安全系数的影响比 487 勘探线小。在水位较低的情况下，水位循环变化虽然导致安全系数降低，但是并没有达到警戒值；而在水位较高的情况下，水位循环变化导致边坡安全系数达到警戒值。目前仓上露天坑正在进行抽水作业，这种情况对边坡稳定性的影响将更大，因此在进行排水-抽水循环作业时建议将最高水位控制在 6/8 坑深以下，最好控制在满水位的 1/2 左右。

6.5　仓上露天坑边坡长期稳定性分析

仓上露天坑自 2004 年闭矿至今近 20 年，2007 年后矿方及论文依托项目相继对边坡变形进行了安全监测，截至 2023 年 6 月，获取了大量监测数据，根据已有数据可知，地表平均位移为 22mm，沉降位移平均值约为 11mm。目前边坡受到尾砂排水水位上升的影响，水位上升对边坡岩体造成了破坏。因此，边坡长期稳定性分析显得尤为重要，其意义在于根据现有研究成果确定边坡在目前状态下经历多久可能发生破坏。本节首先进行模型参数反演分析，然后分析 503 勘探线和 487 勘探线边坡的长期稳定性。

6.5.1　边坡岩体流变参数反演分析

因为室内试验试件的尺寸效应问题，室内试验所获得的岩石流变参数并不能直接用于工程分析，但是其流变规律可用于工程分析中。本节通过建立数值模型，采用参数调整的方法优化流变参数，计算模型如图 6.36 所示。无水条件下流变时间选用 2007～2010 年监测数据以及 2013 年至今的监测数据进行对比，位移点采用地面最大水平位移和沉降位移进行验证。考虑到除 SγJH 和γJH 外的其他三种岩石强度较高，不考虑其流变性，仅对 SγJH 和γJH 的流变参数进行反演分析。

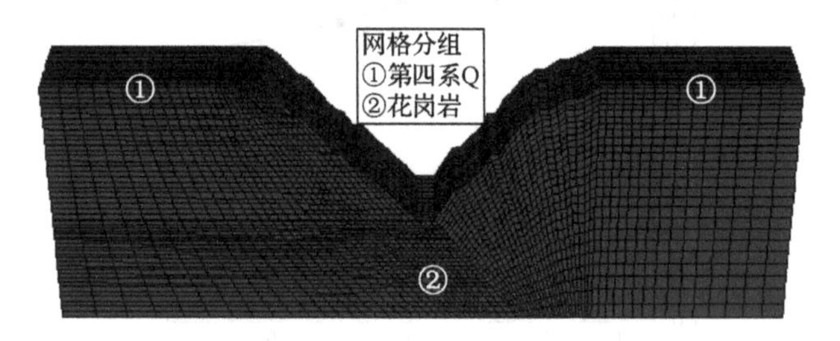

图 6.36　参数优化几何模型

反演分析不考虑水的作用，初始参数输入如表 6.13 所示。

表 6.13 初始流变参数

岩性	G_1/GPa	G_2/GPa	η_1/（GPa·h）	η_2/（GPa·h）
SγJH	8.21	9.56	38726.35	75.26
γJH	11.28	12.67	33292.98	55.4

根据监测位移大小，首先调整剪切模量 G_1、G_2，然后调整 η_1、η_2，具体流程如图 6.37 所示。

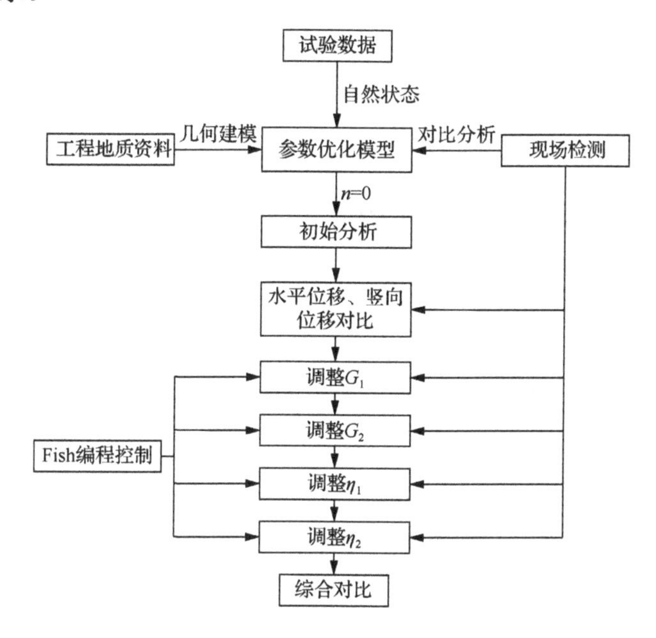

图 6.37 流变参数调整流程

最终经优化的参数如表 6.14。

表 6.14 经优化的流变参数

岩性	G_1/GPa	G_2/GPa	η_1/（GPa·h）	η_2/（GPa·h）
SγJH	6.51	7.92	40625.31	80.65
γJH	8.62	10.06	39655.02	70.12

流变参数与围压及饱和-失水循环次数的关系采用 Burgers 流变模型变化规律表达式确定，最终确定流变参数输入值如表 6.15 所示。

表 6.15　两种岩石流变参数最终优化结果

岩性	流变参数计算表达式	损伤变量
SγJH	$G_1=\{-17.938\exp[-(\sigma_1-\sigma_3)/8.703]+14.827\}D_1$	$D_1=0.613\exp(-n/3.09)-0.613$
	$G_2=\{-358.094\exp[-(\sigma_1-\sigma_3)/188.869]+351.66\}D_2$	$D_2=2.08\exp(-n/4.866)-2.08$
	$\eta_1=\{-180801.197\exp[-(\sigma_1-\sigma_3)/-205.948]+226376.973\}D_3$	$D_3=0.27-0.27\exp(-n/2.869)$
	$\eta_2=\{106.858\exp[-(\sigma_1-\sigma_3)/20.511]+3.975\}D_4$	$D_4=0.314-0.314\exp(-n/3.546)$
γJH	$G_1=\{-19.776\exp[-(\sigma_1-\sigma_3)/11.934]+20.456\}D_1$	$D_1=0.42\exp(-n/2.128)-0.42$
	$G_2=\{-3.886\times10^6\exp[-(\sigma_1-\sigma_3)/(-1.585\times10^6)]+(-3.886\times10^6)\}D_2$	$D_2=1.75\exp(-n/5.38)-1.75$
	$\eta_1=\{52072.555\exp[-(\sigma_1-\sigma_3)/33.528]-12848.848\}D_3$	$D_3=0.37-0.37\exp(-n/4.145)$
	$\eta_2=\{97.94\exp[-(\sigma_1-\sigma_3)/29.406]-15.135\}D_4$	$D_4=0.33-0.33\exp(-n/3.63)$

6.5.2　无水条件下边坡长期稳定性分析

在仓上露天坑作为三山岛金矿尾砂排放池前，即 2013 年 4 月前，坑内水较少，后期水位才上升，因此分析 503 勘探线和 487 勘探线在无水条件下的长期变形特征既是对模型及参数的验证，也是对其进行有水状态下稳定性分析的基础。

根据改进 Burgers 模型的二次开发，将模型参数 n 输入“0”，代表不考虑水的影响。

（1）503 勘探线边坡稳定性分析

根据模拟计算结果，分别取流变时间 1 年、3 年、5 年、10 年的计算结果进行对比分析，其最大主应力变化如图 6.38 所示。

根据图 6.38 分析可知，随着时间的增加，最大主应力分布变化并不是很大，但是通过 Fish 编程搜寻最大主应力在 3 年、5 年和 10 年分别增加了 6.2%、9.6% 和 14.3%，而位移发展如图 6.39 所示。

由图 6.39 可以看出，随着时间的增加，边坡关键点水平位移虽有增加，但增速并不大。根据强度折减法，由于位移的发展，其安全系数有所降低，经过 10 年安全系数已经接近 1.20，由差值计算可得 t=15.2 年时 K=1.20，即在无水条件下，经过 15.2 年的位移发展，503 勘探线开始出现破坏。

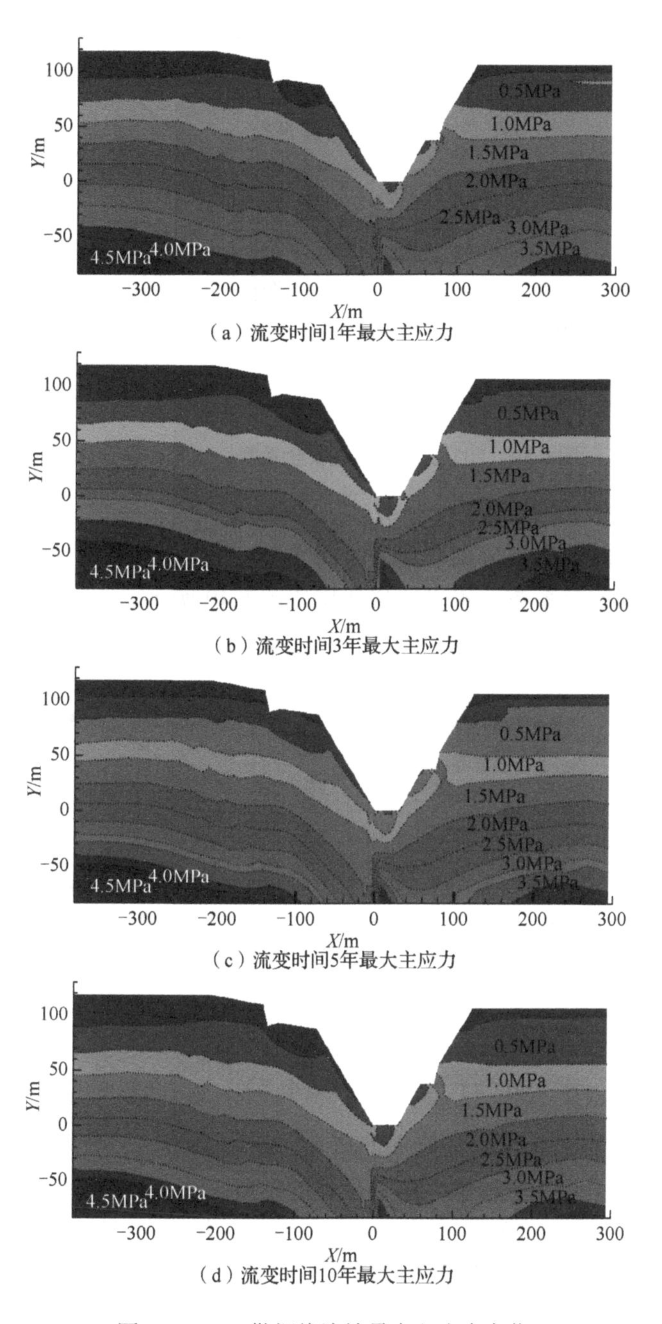

（a）流变时间1年最大主应力

（b）流变时间3年最大主应力

（c）流变时间5年最大主应力

（d）流变时间10年最大主应力

图 6.38 503 勘探线边坡最大主应力变化

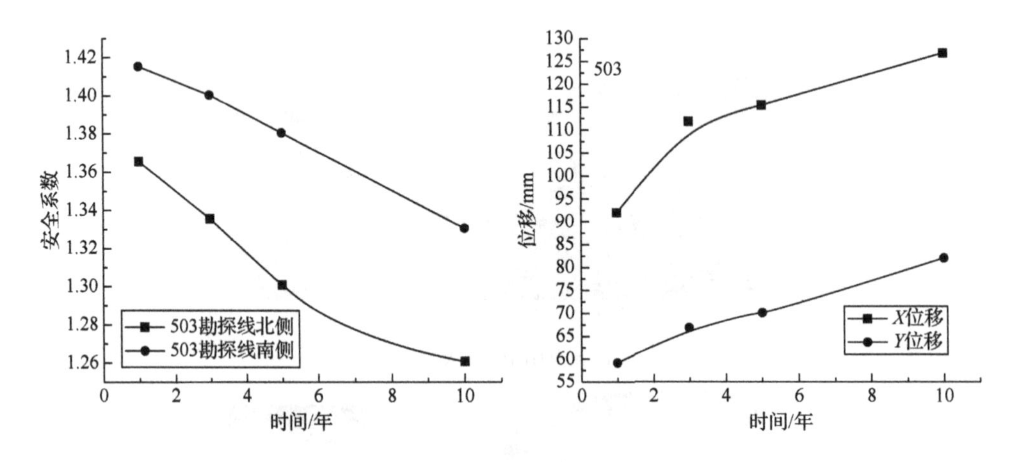

图 6.39　503 勘探线边坡安全系数、水平位移变化

（2）487 勘探线边坡稳定性分析

根据模拟计算结果，分别取流变时间 1 年、3 年、5 年、10 年的计算结果进行对比分析，其安全系数、水平位移变化如图 6.40 所示。

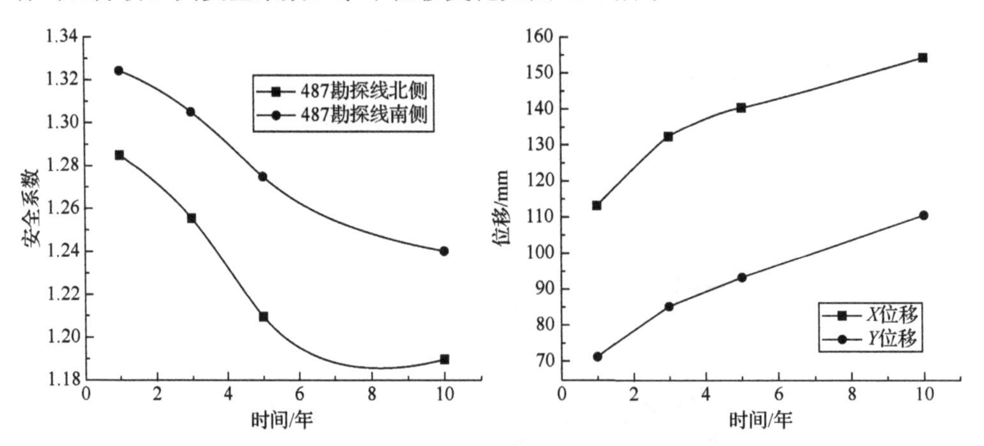

图 6.40　487 勘探线边坡安全系数、水平位移变化

由图 6.40 可以看出，随着时间的增加，487 勘探线边坡位移发展要比 503 勘探线边坡快。根据强度折减法，由于位移的发展，其安全系数有所降低，经过 10 年安全系数已经小于 1.20，由差值计算可得 t=7.6 年时 K=1.20，即在无水条件下，经过 7.6 年的位移发展，487 勘探线边坡开始出现破坏。

6.5.3 有水条件下边坡长期稳定性分析

有水状态下，将有水范围内的岩体按照 n=1 进行参数输入，假设水位分别为1/4 库容、2/4 库容、3/4 库容及满水状态，四种工况下的关键点安全系数变化如图 6.41 所示。

由图 6.41 可以看出，487 勘探线和 503 勘探线边坡随着库容水位的增加，起始安全系数都有所减低，487 勘探线边坡在满水状态时的起始安全系数已经低于1.20。在其他三种水位状态（1/4 库容、2/4 库容、3/4 库容）下，达到 K=1.2 时所用时间分别为 6.2 年、3.7 年、2.1 年。503 勘探线边坡相对 487 勘探线边坡较为安全，在不同库容状态下达到安全极限值的时间分别为 13.6 年（1/4 库容）、12.3 年（2/4 库容）、9.1 年（3/4 库容）和 4.5 年（满水）。

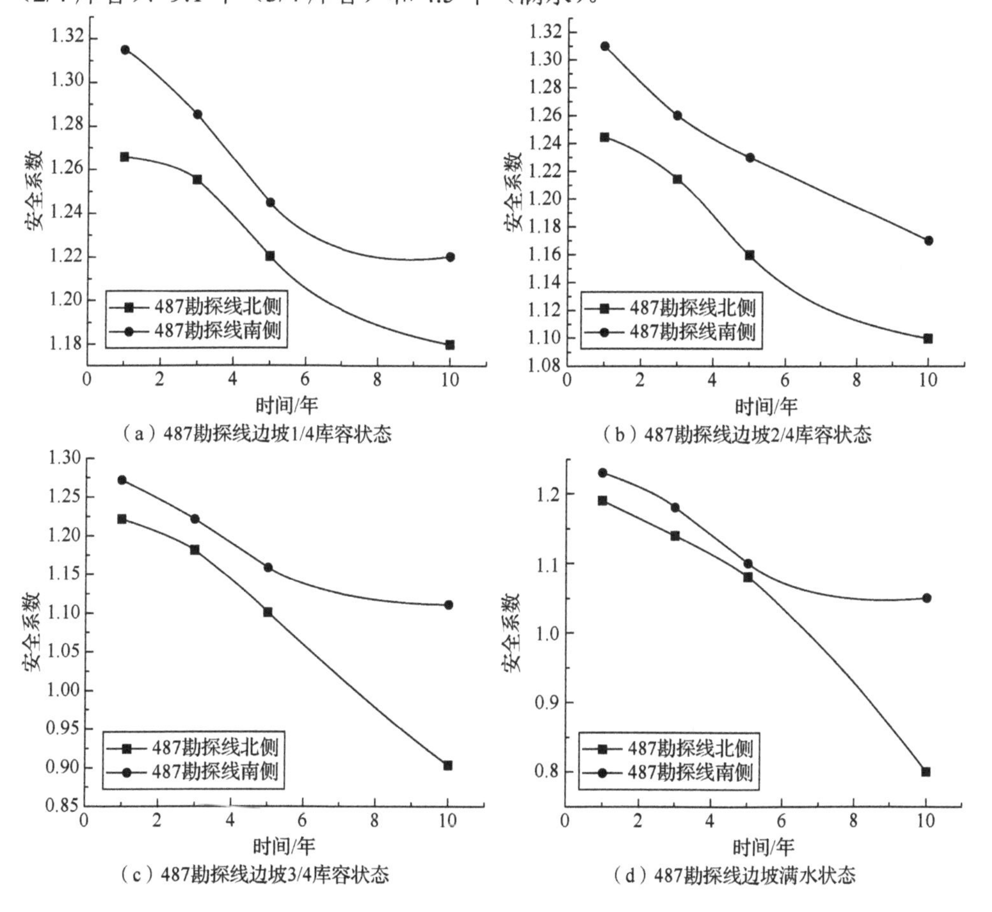

图 6.41 四种工况下的关键点安全系数变化

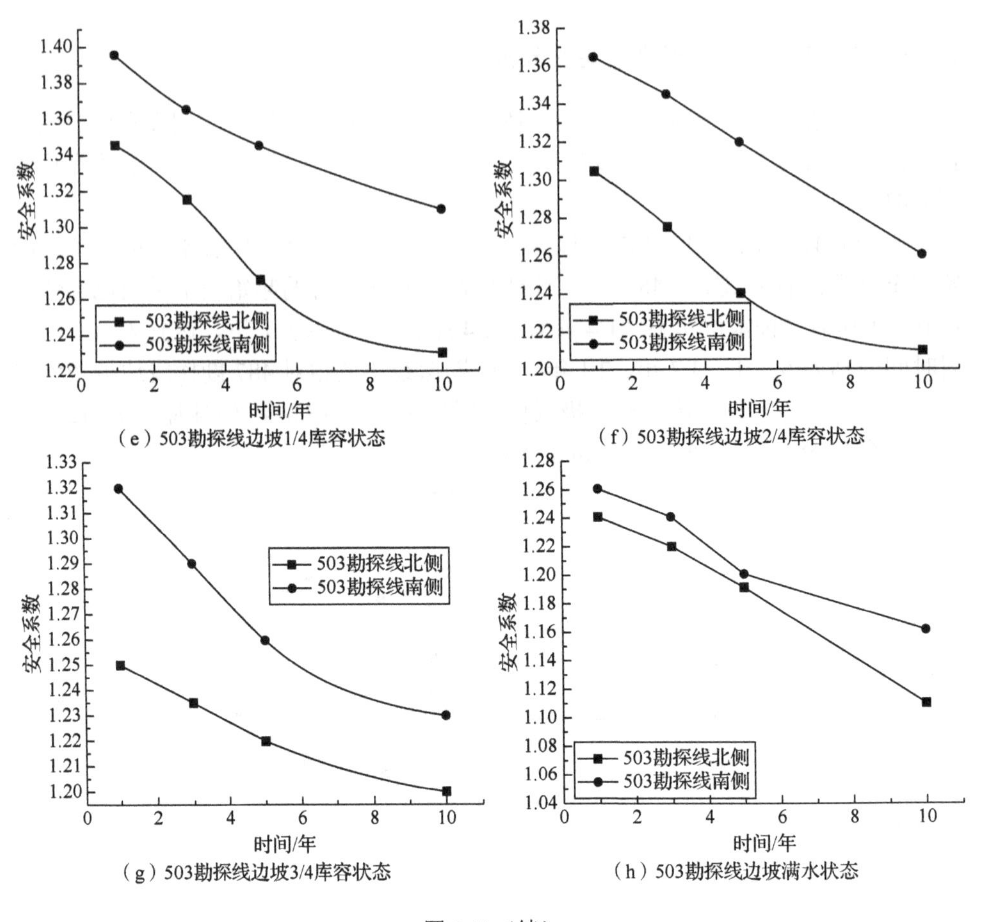

(e) 503勘探线边坡1/4库容状态

(f) 503勘探线边坡2/4库容状态

(g) 503勘探线边坡3/4库容状态

(h) 503勘探线边坡满水状态

图 6.41（续）

6.6 小　　结

本章根据仓上金矿岩质边坡的特点，分别采用不同的分析方法对矿区边坡进行了全面分析，研究了深凹开挖对边坡的影响；在室内试验的基础上，采用数值模拟方法分析水位变化对仓上露天坑边坡的稳定性影响，同时对典型勘探线的安全状态进行评价。具体结论如下。

1）根据室内试验数据，建立了参数优化模型，反演优化典型岩石的力学参数，并采用该参数对边坡整体模型进行了数值模拟，由模拟结果确定了 487 勘探线和 503 勘探线两处坡体为最危险区域。

2）通过对 487 勘探线和 503 勘探线两处最危险区域坡体进行分析，南侧受水位影响较小，北侧水位在 2/8～5/8 时安全系数下降最快，503 勘探线满水时下降至 1.090，487 勘探线满水时下降至 1.085；确定边坡处于稳定变形时期，但水位变化对边坡稳定性影响较大，边坡稳定性随水位上升不断降低。

3）通过水位上升对边坡稳定性的影响数值模拟分析，并采用强度折减的方法确定了矿坑的警戒水位。随着矿坑内水位的上升变化，北帮边坡安全系数逐渐降低，边坡稳定性逐渐下降，水位在−58m 时，边坡的安全系数为 1.26。通过分析得到边坡发生失稳时的临界水位值为−52m，此时边坡塑性区完全贯通，边坡容易发生滑坡。

参 考 文 献

[1] 杜时贵．大型露天矿山边坡稳定性等精度评价方法[J]．岩石力学与工程学报，2018，37（6）：1301-1331．

[2] 杨天鸿，张锋春，于庆磊，等．露天矿高陡边坡稳定性研究现状及发展趋势[J]．岩土力学，2011，32（5）：1437-1451．

[3] 蔡美峰，乔兰，李长洪，等．深凹露天矿高陡边坡稳定性分析与设计优化[J]．北京科技大学学报，2004，26（5）：465-470．

[4] CARLÀ T, FARINA P, INTRIERI E, et al. Integration of ground-based radar and satellite InSAR data for the analysis of an unexpected slope failure in an open-pit mine[J]. Engineering Geology, 2018, 235: 39-52.

[5] OZBAY A, CABALAR A F. FEM and LEM stability analyses of the fatal landslides at cöllolar open-cast lignite mine in Elbistan, Turkey[J]. Landslides, 2015, 12(1): 155-163.

[6] 蔡美峰，冯锦艳，王金安．露天高陡边坡三维固流耦合稳定性[J]．北京科技大学学报，2006，28（1）：6-11．

[7] 中华人民共和国国土资源部．中国矿产资源报告[M]．北京：地质出版社，2017．

[8] 陈祖煜，王玉杰，孙平．三峡大坝3坝段深层抗滑稳定分析[J]．中国科学：技术科学，2017，47（8）：34-42．

[9] QIN Z, CHEN X X, FLI H L. Damage features of altered rock subjected to drying-wetting cycles[J]. Advances in Civil Engineering, 2018, 1(5): 1-10.

[10] 亓伟林，朱少瑞，韩继欢．EML340型连采机在巴彦高勒煤矿的应用与研究[J]．煤炭技术，2015，34（11）：296-298．

[11] 朱少瑞，韩继欢，秦哲，等．预应力锚索加固技术在高陡岩质边坡中的应用[J]．煤炭技术，2015，34（8）：30-32．

[12] 付厚利，韩继欢，闫丽，等．三山岛金矿采充动态平衡分析模型的研究与应用[J]．山东科技大学学报（自然科学版），2015，34（1）：92-98．

[13] 韩继欢，袁康，陆龙龙，等．深部高应力巷道支护设计与数值模拟研究[J]．煤炭技术，2015，34（3）：67-70．

[14] 郭少华，付厚利，韩继欢．朱集矿主井井筒冻结壁厚度参数优化应用[J]．煤炭技术，2015，34（2）：56-57．

[15] 韩继欢，闫丽，秦哲，等．层次分析法在水封洞库注浆设计中的应用研究[J]．山东科技大学学报（自然科学版），2014，33（5）：90-94．

[16] 韩继欢，付厚利．金田煤矿软岩巷道注浆堵水方案及应用[J]．煤炭技术，2014，33（8）：74-76．

[17] 陈绪新，付厚利，秦哲，等．水化学作用及干湿循环对蚀变岩力学性质影响研究[J]．矿业研究与开发，2017，37（1）：98-102．

[18] 孙玉科，杨志法，丁恩保，等．中国露天矿边坡稳定性研究[M]．北京：中国科学技术出版社，1999．

[19] 李克钢．水岩物理作用下岩石力学特性研究[M]．北京：冶金工业出版社，2016．

[20] 赵伟华，黄润秋．基于SRM的裂隙岩质边坡潜在失稳路径分析[J]．岩石力学与工程学报，2018，37（8）：72-84．

[21] 谢和平．“深部岩体力学与开采理论”研究构想与预期成果展望[J]．工程科学与技术，2017，49（2）：1-16．

[22] CHAI B, TONG J, JIANG B, et al. How does the water-rock interaction of marly rocks affect its mechanical properties in the Three Gorges reservoir area, China [J]. Environmental Earth Sciences, 2014, 72(8): 2797-2810.

[23] WANG G, XING W, LIU J, et al. Influence of water-insoluble content on the short-term strength of bedded rock salt from three locations in China[J]. Environmental Earth Sciences, 2015, 73(11): 6951-6963.

[24] 汤连生，王思敬．岩石水化学损伤的机理及量化方法探讨[J]．岩石力学与工程学报，2002，21（3）：314-319．

[25] 朱合华，周治国，邓涛．饱水对致密岩石声学参数影响的试验研究[J]．岩石力学与工程学报，2005，24（5）：823-828．

[26] 刘新荣，李栋梁，王震，等．酸性干湿循环对泥质砂岩强度特性劣化影响研究[J]．岩石力学与工程学报，2016，35（8）：1543-1554．

[27] 刘新荣，王子娟，傅晏，等．考虑干湿循环作用泥质砂岩的强度与破坏准则研究[J]．岩土力学，2017，38（12）：3395-3401．

[28] QIN Z, CHEN X X, FU H L. Damage features of altered rock subjected to drying-wetting cycles[j]. Advances in Civil Engineering, 2018, (PTa3): 1-10.

[29] QIN Z, CHEN X X, FU H L, et al. Slope stability analysis based on the radial basis function neural network of the cerebral cortex[J]. NeuroQuantology, 2018, 16(5): 734-740.

[30] CHEN X X, HE P, QIN Z, et al. Statistical damage model of altered granite under dry-wet cycles[J]. Symmetry, 2019, 11(1): 1-12.

[31] 陈卫忠，伍国军，戴永浩，等. 锦屏二级水电站深埋引水隧洞稳定性研究[J]. 岩土工程学报，2008，30（8）：1184-1190.

[32] 邓华锋，肖瑶，方景成，等. 干湿循环作用下岸坡消落带土体抗剪强度劣化规律及其对岸坡稳定性影响研究[J]. 岩土力学，2017，38（9）：2629-2638.

[33] 韩铁林，师俊平，陈蕴生. 干湿循环和化学腐蚀共同作用下单裂隙非贯通试样力学特征的试验研究[J]. 水利学报，2016，47（12）：1566-1576.

[34] 韩铁林，师俊平，陈蕴生. 化学腐蚀和干湿循环作用下砂岩Ⅰ型断裂韧度及其强度参数相关性的研究[J]. 水利学报，2018，49（10）：1265-1275.

[35] 王斌，李夕兵，尹土兵，等. 饱水砂岩动态强度的 SHPB 试验研究[J]. 岩石力学与工程学报，2010，29（5）：1003-1009.

[36] 王伟，龚传根，朱鹏辉，等. 大理岩干湿循环力学性试验研究[J]. 水利学报，2017，48（10）：1175-1184.

[37] 姚华彦，张振华，朱朝辉，等. 干湿交替对砂岩力学特性影响的试验研究[J]. 岩土力学，2010，31（12）：3704-3708.

[38] 张永安，李峰，陈军. 红层泥岩水岩作用特征研究[J]. 工程地质学报，2008，16（1）：22-26.

[39] 孟召平，彭苏萍，傅继彤. 含煤岩系岩石力学性质控制因素探讨[J]. 岩石力学与工程学报，2002，21（1）：102-106.

[40] 陈钢林，周仁德. 水对受力岩石变形破坏宏观力学效应的实验研究[J]. 地球物理学报，1999，34（3）：335-342.

[41] 王强，付厚利，秦哲，等. 基于正交改进和 Geo-slope 边坡稳定性因素敏感性分析[J]. 金属矿山，2017（12）：130-135.

[42] 张立博，付厚利，秦哲，等. 露天矿坑岩质边坡浸润线及稳定性研究分析[J]. 地质与勘探，2017，53（6）：1174-1180.

[43] 张立博，秦哲，付厚利，等. 强降雨对高陡岩质边坡稳定性的影响分析[J]. 金属矿山，2017（8）：165-169.

[44] 朱合轩，付厚利，秦哲，等. 层次分析法在边坡削坡方案设计中的应用[J]. 煤炭技术，2017，36（2）：211-213.

[45] 陈绪新，付厚利，秦哲，等. 不同饱水条件下蚀变岩边坡稳定性分析[J]. 地质与勘探，2017，53（1）：151-156.

[46] 赵凯，付厚利. 大南湖煤矿副斜井冻结温度场分析[J]. 煤炭技术，2015，34（9）：74-76.

[47] 刘兴，付厚利，秦哲，等. 深基坑边坡支护方案的设计与分析[J]. 建筑技术，2019，50（3）：298-300.

[48] CHEN X X, HE P, QIN Z. Damage to the microstructure and strength of altered granite under wet-dry cycles[J]. Symmetry, 2018, 10(12): 716-729.

[49] QIN Z, FU H L, CHEN X X. A study on altered granite meso-damage mechanisms due to water invasion-water loss cycles[J]. Environmental Earth Sciences, 2019, 78(14): 428-438.

[50] 郭少华. 渗流作用下蚀变带弱化及边坡稳定性分析[D]. 青岛：山东科技大学，2017.

[51] 葛修润，任建喜，蒲毅彬，等. 煤岩三轴细观损伤演化规律的 CT 动态试验[J]. 岩石力学与工程学报，1999，18（5）：497-497.

[52] 杨更社，申艳军，贾海梁，等. 冻融环境下岩体损伤力学特性多尺度研究及进展[J]. 岩石力学与工程学报，2018，37（3）：545-563.

[53] 张楚汉，唐欣薇，周元德，等. 混凝土细观力学研究进展综述[J]. 水力发电学报，2015，34（12）：1-18.

[54] 傅晏，王子娟，刘新荣，等. 干湿循环作用下砂岩细观损伤演化及宏观劣化研究[J]. 岩土工程学报，2017，39（9）：1653-1661.

[55] WEN H, DONG S M, LI Y F, et al. Effect of cyclic wetting and drying on the pure mode Ⅱ fracture toughness of sandstone [J]. Engineering Fracture Mechanics, 2016, 153(3): 143-150.

[56] MA T S, CHEN P. Study of meso-damage characteristics of shale hydration based on CT scanning technology[J]. Petroleum Exploration and Development, 2014, 41(2): 249-256.
[57] 刘业科．水岩作用下深部岩体的损伤演化与流变特性研究[D]．长沙：中南大学，2012.
[58] 刘新荣，李栋梁，张梁，等．干湿循环对泥质砂岩力学特性及其微细观结构影响研究[J]．岩土工程学报，2016，38（7）：1291-1300.
[59] 俞缙，张欣，蔡燕燕，等．水化学与冻融循环共同作用下砂岩细观损伤与力学性能劣化试验研究[J]．岩土力学，2019，40（2）：455-463.
[60] ALDAOOD A, BOUASKER M, AL-MUKHTAR M. Impact of wetting-drying cycles on the microstructure and mechanical properties of lime-stabilized gypseous soils[J]. Engineering Geology, 2014, 174(1): 11-21.
[61] KASSAB M A, WELLER A. Study on P-wave and S-wave velocity in dry and wet sandstones of Tushka region, Egypt [J]. Egyptian Journal of Petroleum, 2015, 24(1): 1-11.
[62] KHANLARI G, ABDILOR Y. Influence of wet-dry, freeze-thaw, and heat-cool cycles on the physical and mechanical properties of Upper Red sandstones in central Iran [J]. Bulletin of Engineering Geology and the Environment, 2015, 74(4): 1287-1300.
[63] 谢凯楠，姜德义，孙中光，等．基于低场核磁共振的干湿循环对泥质砂岩微观结构劣化特性影响研究[J]．岩土力学，2019，40（2）：653-667.
[64] 邓华锋，胡安龙，李建林．水岩作用下砂岩劣化损伤统计本构模型[J]．岩土力学，2017，38（3）：631-639.
[65] BLUNT M J, BIJELJIC B, DONG, H, et al. Pore-scale imaging and modelling[J]. Advances in Water Resources, 2013, 51: 197-216.
[66] PAK T, BUTLER I B, GEIGER S, et al. Droplet fragmentation: 3D imaging of a previously unidentified pore-scale process during multiphase flow in porous media[J]. Proceedings of the National Academy of Sciences, 2015, 112(7): 1947-1952.
[67] XUE Y Z, SI H, XU D Y, et al. Experiments on the microscopic damage of coal induced by pure water jets and abrasive water jets[J]. Powder Technology, 2018, 332: 139-149.
[68] LI Z T, LIU D M, CAI Y D, et al. Multi-scale quantitative characterization of 3-D pore-fracture networks in bituminous and anthracite coals using FIB-SEM tomography and X-ray μ-CT[J]. Fuel, 2017, 209: 43-53.
[69] MAHESHWARI P, RATNAKAR R R, KALIA N, et al. 3-D simulation and analysis of reactive dissolution and wormhole formation in carbonate rocks[J]. Chemical Engineering Science, 2013, 90: 258-274.
[70] 朱珍德，黄强，王剑波，等．岩石变形劣化全过程细观试验与细观损伤力学模型研究[J]．岩石力学与工程　学报，2013，32（6）：1167-1175.
[71] 于庆磊，杨天鸿，唐世斌，等．基于 CT 的准脆性材料三维结构重建及应用研究[J]．工程力学，2015，32（11）：51-62.
[72] 韩继欢．高陡岩质边坡稳定性分析及抗滑桩加固技术研究[D]．青岛：山东科技大学，2015.
[73] 赵凯．高陡岩质边坡破坏机理与稳定性分析[D]．青岛：山东科技大学，2016.
[74] 孙钧．岩石流变力学及其工程应用研究的若干进展[J]．岩石力学与工程学报，2007，26（6）：1081-1106.
[75] 李江腾，常瑞芹，黄旻鹏．饱水与干燥状态下横观各向同性板岩蠕变特性[J]．湖南大学学报（自然科学版），2018，45（5）：143-148.
[76] 马芹永，郁培阳，袁璞．干湿循环对深部粉砂岩蠕变特性影响的试验研究[J]．岩石力学与工程学报，2018，37（3）：593-600.
[77] 于永江，张伟，张国宁，等．富水软岩的蠕变特性实验及非线性剪切蠕变模型研究[J]．煤炭学报，2018，43（6）：1780-1788.
[78] 巨能攀，黄海峰，郑达，等．考虑含水率的红层泥岩蠕变特性及改进伯格斯模型[J]．岩土力学，2016，37（S2）：67-74.
[79] DAVID C, DAUTRIAT J, SAROUT J, et al. Mechanical instability induced by water weakening in laboratory fluid injection tests[J]. Journal of Geophysical Research-Solid Earth, 2015, 120(6): 4171-4188.
[80] LIU Y, LIU C W, KANG Y M, et al. Experimental research on creep properties of limestone under fluid-solid

coupling [J]. Environmental Earth Sciences, 2015, 73(11): 7011-7018.

[81] 于怀昌，赵阳，刘汉东，等．三轴应力作用下水对岩石应力松弛特性影响作用试验研究[J]．岩石力学与工程学报，2015，34（2）：313-322.

[82] 秦哲，韩继欢，赵凯，等．一种利用声纳超声波监测危岩体崩塌的装置：CN204347247U[P]．2015-05-20.

[83] 秦哲，王磊，秦春晖．柔性边坡位移监测装置：CN203561331U[P]．2014-04-23.

[84] 秦哲，付厚利，程卫民，等．水岩作用下露天坑边坡岩石蠕变试验分析[J]．长江科学院院报，2017，34（3）：85-89.

[85] 秦哲，付厚利，陈绪新，等．利用活动测斜仪测量地层水平位移的方法及活动测斜仪：CN105444738A[P]．2016-03-30.

[86] 陈绪新．循环侵水-失水作用下岩石宏细观损伤及流变模型研究[D]．青岛：山东科技大学，2018.

[87] 牛传星，冯佰研，秦哲，等．水岩作用下岩石力学参数损伤规律的研究[J]．煤炭技术，2015，34（11）：216-219.

[88] 陈安林，曹立雪，孙鲁男．基于水岩作用的尾矿库浸水边坡稳定性影响因素分析[J]．黄金，2019（40）：137-142.

[89] 王超．高陡岩质边坡稳定性分析及锚索加固技术研究与应用[D]．青岛：山东科技大学，2013.

[90] GRIGGS D. Creep of rocks[J]. The Journal of Geology, 1939, 47: 225-251.

[91] LAMA R D, VUTUKURI V S. Handbook on mechanical properties of rocks, Volume II: Testing techniques and results[J]. Engineering Geology, 1980, 15(3-4): 236-237.

[92] ITÔ H, SASAJIMA S. A ten year creep experiment on small rock specimens [J]. International Journal of Rock Mechanics and Mining Sciences & Geomechanics Abstracts, 1987, 24(2): 203-216.

[93] GASC-BARBIER M, CHANCHOLE S, BÉREST P. Creep behavior of Bure clayey rock[J]. Applied Clay Science, 2004, 26: 449-458.

[94] MUKAI S, KOMATSU Y, UEDA D, et al. Development of triaxial tension creep test machine[J]. Journal of the Society of Materials Science, 1997, 46(12): 1374-1380.

[95] GATTERMANN J, WITTKE W, ERICHSEN C. Modelling water uptake in highly compacted bentonite in environmental sealing barriers[J]. Clay Minerals, 2001, 36(3): 435-446.

[96] CHIJIMATSU M, MASAKAZU A, FUJITA C, et al. Experiment and validation of numerical simulation of coupled thermal, hydraulic and mechanical behaviour in the engineered buffer materials[J]. International Journal for Numerical and Analytical Methods in Geomechanics, 2000, 24(4): 403-424.

[97] 徐卫亚，杨圣奇，褚卫江．岩石非线性黏弹塑性流变模型（河海模型）及其应用[J]．岩石力学与工程学报，2006，25（3）：433-447.

[98] 徐卫亚，杨圣奇，谢守益，等．绿片岩三轴流变力学特性的研究（Ⅱ）：模型分析[J]．岩土力学，2005，26（5）：693-698.

[99] 张治亮，徐卫亚，王如宾，等．含弱面砂岩非线性黏弹塑性流变模型研究[J]．岩石力学与工程学报，2011，30（S1）：2634-2639.

[100] 夏才初，闫子舰，王晓东，等．大理岩卸荷条件下弹黏塑性本构关系研究[J]．岩石力学与工程学报，2009，28（3）：459-466.

[101] JIN J, CRISTESCU N D. An elastic/viscoplastic model for transient creep of rock salt [J]. International Journal of Plasticity, 1998, 14(1-3): 85-107.

[102] MARANINI E, YAMAGUCHI T. A non-associated viscoplastic model for the behaviour of granite in triaxial compression [J]. Mechanics of Materials, 2001, 33(5): 283-293.

[103] WENG M C, JENG F S, HUANG T H, et al. Characterizing the deformation behavior of Tertiary sandstones [J]. International Journal of Rock Mechanics and Mining Sciences, 2005, 42(3): 388-401.

[104] TSAI L S, HSIEHB Y M, WENG M C, et al. Time-dependent deformation behaviors of weak sandstones [J]. International Journal of Rock Mechanics and Mining Sciences, 2008, 45(2): 144-154.

[105] ABDEL-HADI A I, ZHUPANSKA O I, CRISTESCU N D. Mechanical properties of microcrystalline cellulose:part Ⅰ. experimental results[J]. Mechanics of Materials, 2002, 34(7): 373-390.

[106] ZHUPANSKA O I, ABDEL-HADI A I, CRISTESCU N D. Mechanical properties of microcrystalline

cellulose:part Ⅱ. constitutive model [J]. Mechanics of Materials, 2002, 34(7): 391-399.

[107] CRISTESCU N D. A general constitutive equation for transient and stationary creep of rock salt[J]. International Journal of Rock Mechanics and Mining Sciences and Geomechanics Abstracts, 1993, 30(2): 125-140.

[108] CRISTESCU N D. Rock dilatancy in uniaxial tests [J]. Rock Mechanics and Rock Engineering, 1982, 15(3): 133-144.

[109] CRISTESCU N D. Rock rheology[M]. Dordrecht: Kluwer Academic Publishers, 1989.

[110] CRISTESCU N D, HUNSCHE U. Determination of nonassociated constitutive equation for rock salt from experiments[M]//BESDO D, STEIN E. Finite Inelastic Deformations: Theory and Applications. Berlin: Springer-Verlag, 1992: 511-523.

[111] 赵洪宝，尹光志，张卫中. 围压作用下型煤蠕变特性及本构关系研究[J]. 岩土力学，2009，30(8)：2305-2308.

[112] 刘江，杨春和，吴文，等. 岩盐蠕变特性和本构关系研究[J]. 岩土力学，2006，27（8）：1267-1271.

[113] 沈明荣，朱根桥. 规则齿形结构面的蠕变特性试验研究[J]. 岩石力学与工程学报，2004，23（2）：223-226.

[114] 张晓春. 中厚软岩板静载弯曲时中面特性的时间相关分析[J]. 岩石力学与工程学报，2004，23（9）：1424-1427.

[115] 陈沅江. 岩石流变的本构模型及其智能辨识研究[D]. 长沙：中南大学，2003.

[116] 王来贵，何峰，刘向峰. 岩石试件非线性蠕变模型及其稳定性分析[J]. 岩石力学与工程学报，2004，23(10)：1640-1642.

[117] 王更峰. 炭质板岩蠕变特性研究及其在隧道变形控制中的应用[D]. 重庆：重庆大学，2012.

[118] 杨峰. 高应力软岩巷道变形破坏特征及让压支护机理研究[D]. 徐州：中国矿业大学，2009.

[119] VYALOV S S. Rheological fundamentals of soil mechanics[M]. London: Elsevier Applied Science Publishingers, 1986: 231-232.

[120] 刘辉. 软土流变模型及其工程应用[D]. 长沙：湖南大学，2008.

[121] 金丰年，蒲奎英. 关于粘弹性模型的讨论[J]. 岩石力学与工程学报，1995，14（4）：335-361.

[122] 李栋伟，汪仁和，范菊红. 软岩屈服面流变本构模型及围岩稳定性分析[J]. 煤炭学报，2010，35（10）：1604-1608.

[123] 李栋伟，汪仁和，范菊红. 白垩系冻结软岩非线性流变模型试验研究[J]. 岩土工程学报，2011，33（3）：398-403.

[124] 李栋伟，汪仁和，范菊红. 基于卸荷试验路径的泥岩变形特征及数值计算[J]. 煤炭学报，2010，35（3）：387-391.

[125] 朱少瑞. 蚀变带影响下岩质边坡动态安全性研究[D]. 青岛：山东科技大学，2017.

[126] 秦哲，付厚利，王刚，等. 用于露天矿坑尾矿库边坡滑坡预警的动态监测系统及方法：CN106405675A[P]. 2017-02-15.

[127] 亓伟林. 露天矿岩质边坡滑坡监测及预警预报研究[D]. 青岛：山东科技大学，2016.

[128] 秦哲，付厚利，陈绪新，等. 活动测斜仪：CN205138480U[P]. 2016-04-06.

[129] 秦哲，王国珍，朱少瑞. 一种新型压力传感器：CN205209659U[P]. 2016-05-04.

[130] 秦哲. 水岩作用下仓上露天矿岩质边坡破坏机理与稳定性研究[D]. 青岛：山东科技大学，2015.

[131] BOBET A, EINSTEIN H H. Fracture coalescence in rock-type materials under uniaxial and biaxial compression[J]. International Journal of Rock Mechanics and Mining Sciences, 1998, 35(7): 863-888.

[132] FUJII Y，KIYAMA T. Circumferential strain behavior during creep tests of brittle rocks[J]. International Journal of Rock Mechanics and Mining Sciences, 1999, 36(3): 323-337.

[133] 佘成学. 岩石非线性黏弹塑性蠕变模型研究[J]. 岩石力学与工程学报，2009，28（10）：2006-2011.

[134] CHEN K S. A damage treatment of creep failure in rock salt[J]. International Journal of Damage Mechanics, 1997, 6(1): 122-152.

[135] 谢和平. 岩石混凝土损伤力学[M]. 徐州：中国矿业大学出版社，1998.

[136] 杨春和，陈锋，曾义金. 盐岩蠕变损伤关系研究[J]. 岩石力学与工程学报，2002，21（11）：1602-1604.

[137] 吴文. 盐岩的静、动力学特性实验研究与理论分析[D]. 北京：中国科学院，2003.

[138] HAUPT M. A constitutive law for rock salt based on creep and relaxation tests[J]. Rock Mechanics and Rock Engineering, 1991, 24:179-206.

[139] NICOLAE M. Non-associated elasto-viscoplastic models for rock salt[J]. International Journal of Engineering Science, 1999, 37(3): 269-297.

[140] AUBERTIN M, GILL D E, LADAYI B. An internal variable model for the creep of rock sat[J]. Rock Mechanics and Rock Engineering, 1991, 24: 81-97.

[141] HADIZADEH J, LAW R D. Water-weakening of sandstone and quartzite deformed at various stress and strain rates[J]. International journal of rock mechanics and mining sciences & geomechanics abstracts, 1991, 28(5): 431-439.

[142] 陈祖安，伍向阳．三轴应力下岩石蠕变扩容的微裂纹扩展模型[J]．地球物理学报，1994，37（2）：156-160.

[143] OKUBO S, NISHIMATSU Y, FUKUI K. Complete creep curves under uniaxial compression [J]. International journal of rock mechanics and mining sciences & geomechanics abstracts, 1991, 28 (1): 77-82.

[144] 陈智纯，缪协兴，茅献彪．岩石流变损伤方程与损伤参量测定[J]．煤炭科学技术，1994，22（8）：34-36.

[145] 凌建明．岩体蠕变裂纹起裂与扩展的损伤力学分析方法[J]．同济大学学报，1995，23（2）：141-146.

[146] 郯公瑞，周维垣．岩石混凝土类材料细观损伤流变断裂模型及其工程应用[J]．水力学报，1997，11（10）：33-38.

[147] 邓广哲，朱维申．蠕变裂隙扩展与岩石长时强度效应实验研究[J]．试验力学，2002，17（2）：177-183.

[148] 肖洪天，强天弛，周维垣．三峡船闸高边坡损伤流变研究及实测分析[J]．岩石力学与工程学报，1999，18（5）：497-502.

[149] 杨更社，蒲毅彬，马巍．寒区冻融环境条件下岩石损伤扩展研究探讨[J]．实验力学，2002，17（2）：220-226.

[150] 杨更社，刘慧，彭丽娟，等．基于CT图像处理技术的岩石损伤特性研究[J]．煤炭学报，2007，32（5）：463-468.

[151] 任建喜．单轴压缩岩石蠕变损伤扩展细观机理CT实时试验[J]．水利学报，2002，10（1）：10-15.

[152] 葛修润，任建喜，蒲毅彬，等．煤岩三轴细观损伤演化规律的口动态实验[J]．岩石力学与工程学报，1999，18（5）：497-502.

[153] 曹树刚，鲜学福．煤岩蠕变损伤特性的实验研究[J]．岩石力学与工程学报，2001，20（6）：817-821.

[154] 陈卫忠，王者超，伍国军．盐岩非线性蠕变损伤本构模型及其工程应用[J]．岩石力学与工程学报，2007，26（3）：467-472.

[155] 范庆忠，高延法．软岩蠕变特性及非线性模型研究[J]．岩石力学与工程学报，2007，26（2）：391-397.

[156] 李连崇，徐涛，唐春安，等．单轴压缩下岩石蠕变失稳破坏过程数值模拟[J]．岩土力学，2007，28（9）：1978-1983.

[157] 朱昌星，阮怀宁，朱珍德，等．岩石非线性蠕变损伤模型的研究[J]．岩土工程学报，2008，30（10）：1510-1513.

[158] 庞桂珍，宋飞．一种岩石的损伤流变模型[J]．西安科技大学学报，2008，28（3）：429-433.

[159] 任中俊，彭向和，万玲，等．三轴加载下盐岩蠕变损伤特性的研究[J]．应用力学学报，2008，25（2）：212-217.

[160] 张强勇，杨文东，张建国，等．变参数蠕变损伤本构模型及其工程应用[J]．岩石力学与工程学报，2009，28（4）：732-739.

[161] 贾苍琴，黄茂松，王贵和．非饱和非稳定渗流作用下土坡稳定分析的强度折减有限元方法[J]．岩石力学与工程学报，2007，26（6）：1290-1296.

[162] 彭文祥．岩质边坡稳定性模糊分析及耒水小东江电站左岸滑坡治理研究[D]．长沙：中南大学，2004.

[163] 魏应乐，刘丽云，戈海玉．边坡岩体抗剪强度参数的非线性确定方法[J]．岩土力学，2012，33（2）：395-401.

[164] 年廷凯，万少石，蒋景彩，等．库水位下降过程中土坡稳定强度折减有限元分析[J]．岩土力学，2010，31（7）：2264-2269.

[165] 贺可强，孙琳娜，王思敬．滑坡位移分形参数Hurst指数及其在堆积层滑坡预报中的应用[J]．岩石力学与工程学报，2009，28（6）：1107-1115.

[166] 郑颖人，赵尚毅，邓卫东．岩质边坡破坏机制有限元数值模拟分析[J]．岩石力学与工程学报，2003，22（12）：1943-1952.

[167] 陶丽娜，阎宗岭，贾学明，等．库水位变化对路基边坡稳定性的影响研究[J]．公路交通技术，2014（1）：1-6.

[168] 连志鹏，谭建民，闫举生，等．库水位变化与降雨作用下库岸斜坡稳定性分析[J]．安全与环境工程，2011，18（2）：14-17.

[169] 孙永帅，贾苍琴，王贵和．水位骤降对边坡稳定性影响的模型试验及数值模拟研究[J]．工程勘察，2012，40（11）：22-27.

[170] 沈银斌，朱大勇，姚华彦．水位变化过程中边坡临界滑动场[J]．岩土力学，2010，31（S2）：179-183.

[171] 刘新喜，夏元友，张显书，等．库水位下降对滑坡稳定性的影响[J]．岩石力学与工程学报，2005，24（8）：1439-1444.

[172] 张立博，秦哲，付厚利，等．基于 CSMR 的露天坑尾矿库水位设计研究[J]．地质与勘探，2018，54（4）：817-823.

[173] 陈绪新，秦哲，付厚利，等．基于尖点突变模型饱水边坡稳定性分析[J]．地质与勘探，2018，54（2）：376-380.

[174] 刘兴，付厚利，秦哲，等．库水升降作用下高陡岩质边坡稳定性分析[J]．科学技术与工程，2017，17（24）：263-268.

[175] 秦哲，亓超，付厚利，等．高陡岩质边坡削坡工程中的稳定性研究[J]．煤炭技术，2016，35（11）：86-88.

[176] 牛传星，秦哲，冯佰研，等．水岩作用下蚀变岩力学性质损伤规律[J]．长江科学院院报，2016，33（8）：75-79.

[177] 李远耀．三峡库区渐进式库岸滑坡的预测预报研究[D]．武汉：中国地质大学，2010.

[178] 周小平，钱七虎，张永兴，等．基于突变理论的滑坡时间预测模型[J]．工程力学，2011，28（2）：165-174.

[179] 李晓，张年学，廖秋林，等．库水位涨落与降雨联合作用下滑坡地下水动力场分析[J]．岩石力学与工程学报，2004，23（21）：3714-3720.

[180] 陈绪新，付厚利，秦哲．干湿循环作用下露天矿边坡岩石损伤能量演化分析[J]．科学技术与工程，2016，16（20）：247-252.

[181] 冯佰研，付厚利，秦哲，等．水岩作用下露天矿坑蚀变岩三轴压缩试验分析[J]．地质与勘探，2016，52（3）：564-569.

[182] 冯佰研，秦哲，牛传星，等．水岩作用下露天矿蚀变岩石力学试验研究[J]．煤炭科学技术，2016，44（3）：39-43.

[183] 陈绪新，秦哲，朱合轩．一种三向刚性加载下多尺寸岩样定位装置：CN205301069U[P]．2016-06-08.

[184] 宋波，黄帅，蔡德钩，等．地下水位变化对砂土边坡地震动力响应的影响研究[J]．岩石力学与工程学报，2014，33（S1）：2698-2706.

[185] 刘才华，陈从新，冯夏庭．库水位上升诱发边坡失稳机理研究[J]．岩土力学，2005，26（5）：769-773.

[186] 罗红明，唐辉明，章广成，等．库水位涨落对库岸滑坡稳定性的影响[J]．地球科学：中国地质大学学报，2008，33（5）：687-692.

[187] 李新志．降雨诱发堆积层滑坡加卸载响应比规律的物理模型试验及其破坏机理研究：以长江三峡库区堆积层滑坡为研究基础[D]．青岛：青岛理工大学，2008.

[188] 朱科，任光明．库水位变化下对水库滑坡稳定性影响的预测[J]．水文地质工程地质，2002，29（3）：6-9.

[189] YU Q L, YANG S Q, RANJITH P G, et al. Numerical Modeling of Jointed Rock Under Compressive Loading Using X-ray Computerized Tomography[J]. Rock Mechanics and Rock Engineering, 2016, 49(3): 877-891.

[190] 孙华飞，鞠杨，行明旭，等．基于 CT 图像的土石混合体破裂-损伤的三维识别与分析[J]．煤炭学报．2014，39（3）：452-459.

[191] 鞠杨，杨永明，宋振铎，等．岩石孔隙结构的统计模型[J]．中国科学（E 辑：技术科学），2008，38（7）：1026-1041.